掌控细节

连山 著

中国华侨出版社
北京

在提倡精细化管理的今天，细节对于企业更是有决定生死成败的威力。企业的细节管理是一个长期的积累过程，它不会在市场上引起立竿见影的效果，带来直接的经济效益。对产品质量精益求精的追求，对管理力臻完善的谨慎，对顾客一点一滴的关爱，都是砌就企业品牌大厦的一砖一瓦。一个不注重细节的企业必定是一个产品粗糙、管理粗糙、服务粗糙的企业。千里之堤，溃于蚁穴。一个漏洞百出的企业怎能经得起市场风雨的吹打？

同样，对于个人，你的一言一行、一举一动无不展现着你独特的素质和修养。然而展示一个完美的自己很难，因为它需要每一个细节都完美，但是毁掉自己却很容易，它只需要疏忽一个小细节。生活就是由一些点点滴滴的细节组成，而往往正是这些细节在你人生中的某些时候起到了关键性的作用。细节就是这样的神奇，细节就是这样的不可思议。所以你对日常生活中一个司空见惯、微不足道的小事情的关注或许会让你抓住改变命运的机会！

可见，成也细节，败也细节。作为 20 世纪世界上最伟大的建筑师之一的密斯·凡·德罗，曾经只用五个字来描述他成功的原因，即"细节是魔鬼"。他阐释说，无论你的建筑设计方案是多么气势恢宏、美轮美奂，只要疏忽一个细节，就绝对成就不了一个杰出的建筑。细节的威力如此强大，不仅对一个建筑、一个人、一个企业，甚至对一个国家都有着相当重要的意义和价值。

在几千年前老子就曾经说过："图难于其易，为大于其细。天下难事，必作于易；天下大事，必作于细。是以圣人终不为大，故能成其大。"因此，对于个人来说，能把每一件简单的事做好就是不简单，能把每一件平凡的事做好就是不平凡。对于企业来说，也只有从"大处着眼，小处着手"，才能在目前的精细化时代，打造企业品牌，铸就企业辉煌！

细节无孔不入，细节出神入化。对于企业，细节就是创新，细节就是机遇，细节就是财富，细节就是决定生死成败的关键；对于个人，细节体现素质，细节决胜职场，细节攸关幸福，细节隐藏玄机，细节具有决定命运的力量。本书对企业管理、创业、人际交往、职场、礼仪、健康等方方面面的细节进行了深入浅出、细致生动的描述，全方位、多角度地展示了细节的奥秘，内容兼具指导性与实用性。可以说，这是一本指点读者从平淡的事业走向成功、拥有幸福生活的说明书。相信开启此书，您定会领悟到成功道路中细节的力量。

目 录

Contents

1

第六章　态度决定高度，责任胜于能力
——职场细节，成就卓越

第七章　说话谨慎，做事认真
——三思而言胜过口吐莲花

第八章 秘密都在小动作里，真相尽在细微之中
——方寸之间，读懂对方

序章

细节的巨大作用和
惊人力量

细节是一种创造

有位医学院的教授，在上课的第一天对他的学生说："当医生，最要紧的就是胆大心细！"说完，便将一只手指伸进桌子上一只盛满尿液的杯子里，接着再把手指放进自己的嘴中，随后教授将那只杯子递给学生，让这些学生学着他的样子做。看着每个学生都把手指探入杯中，然后再塞进嘴里，忍着呕吐的狼狈样子，他微微笑了笑说："不错，不错，你们每个人都够胆大的。"紧接着教授又难过起来："只可惜你们看得不够心细，没有注意到我探入尿杯的是食指，放进嘴里的却是中指啊！"

教授这样做的本意，是教育学生在科研与工作中都要注意细节。相信尝过尿液的学生应该终生能够记住这次"教训"。

其实我们做企业更需要养成注意细节的习惯。所谓千里之堤，溃于蚁穴，但是细节更为宝贵的价值在于，它是创造性的，独一无二的。因为在每一个看似细小的环节当中，都凝结着经营者点点滴滴的心血和智慧。中国台湾首富王永庆就是一个善于在经营中创新之人。

王永庆早年家里非常穷，根本读不起书，只好去别人的米行里做伙计。他做伙计期间，一边留心观察来来往往的各种人，特别是老板怎么谈生意，一边积累一点资金。

16 岁那年，王永庆在老家嘉义开了一家米店。当时，小小的嘉义已有 30 家米店，竞争相当激烈。当时仅有 200 元资金的王永庆，只能在一条偏僻的巷子里租一个很小的铺面。他的米店地段偏僻，开得晚，规模小，没有任何优势。刚开张的时候，生意冷冷清清，门可罗雀。

王永庆就背着米袋，一家一家地上门推销，但效果还是不行。王永庆感觉到，要想立足米市场，自己就必须有一个别人没做到或做不到的优势。仔细思量以后，王永庆决定在米的质量和服务上下功夫。

20 世纪 30 年代的台湾，农村还非常落后，做饭的时候，都要淘米，很不方便。但长期积累的习惯，买卖双方都见怪不怪。

王永庆经过长期的观察在这里找到了突破口。他带领弟弟一起动手，不辞辛苦，不怕麻烦，一点点地将米里的秕糠、沙石之类的杂物挑出来，再出售。

这样，王永庆店里米的质量就比别人的高一个档次，深受顾客的喜爱，生意也就一天天好起来了。同时，王永庆在服务质量上也更进了一步。当时，客户都是自己来买米，自己扛回去。这对年轻人来说，也许并没什么，但对老年人来说，就有些不方便了。王永庆注意到了这一点，便主动送货上门。这就大大方便了顾客，尤其是一些行动不便的老年人。这些做法为米店树立了非常好的声望。

王永庆送货上门并不是简单地一放了事。他送货时，还要将米倒到米缸里。如果缸里有米，他就将旧米倒出来，擦干净米缸，然后将新米倒进去，把旧米放在上层。这样，使米不至于因存放时间过长而变质。这一精细的服务，赢得了许多顾客的心，使回头客一天天变多了。

不仅如此，王永庆每次送货上门后，还要用本子记下这家的米缸有多大，有多少人吃饭，多少大人，多少小孩，每人的饭量如何等。他根据记载的情况估计顾客会什么时候要米。等时候一到，不用顾客上门，他就将相应数量的米送上门来了。

在送米的过程中，王永庆发现，当地的许多居民都靠打工为生，经济条件并不好，许多家庭还未到发工资的时候，就已经没钱花了。由于王永庆是主动送货上门的，货到要收款，有的顾客手头紧张，一时拿不出钱来，会弄得大家都很尴尬。于是，王永庆采取"按时送米、定时收钱"的办法，先送米上门，等他们发工资后，再约定时间上门收钱。这样极大地方便了一些经济条件较差的顾客，同时在社会上树立了好口碑。

酒香不怕巷子深。王永庆米行的生意很快就吸引了整个嘉义城。

经过一年多的资金积累和客户积累，王永庆便自己办了一个碾米厂，并把它设在最繁华的地段。从此，王永庆开始了向台湾首富的目标迈进。

事业发展壮大后，王永庆在管理企业时，同样注重每一个细节。他的部属深深为王永庆精通每一个细节所折服。当然也有不少人批评他"只见树木，不见森林"，劝他学一学美国的管理，抛开细节只管大政策。针对这一批评，王永庆回答说："我不仅要学习大政策，而且要注意点点滴滴的管理，如果我们对这些细枝末节进行研究，就会细分各操作动作，研究是否合理，是否能够将两个人操作的工作量减为一个人，生产力会因此提高一倍，甚至一个人兼顾两部机器，这样生产力就提高了4倍。"

一个企业要创新，必须加强对细节的关注。一向以创新意识著称的海尔集团总裁张瑞敏曾经说过:"创新存在于企业的每一个细节之中。"

细节是一种能力

要想在生活中练就一双发现细节的眼睛,需要你经历一个长期积累、细致观察的过程,只有如此,你才能拥有鹰一般敏锐的目光,发现别人所关注不到的东西。

宋代的米芾是个大画家,专爱收集古画,甚至到了不择手段的程度。他在汴梁城闲逛时,只要发现有人在卖古画,总会立即上前细细观赏,有时还会要求卖画者把画让他带回去看看。卖画者认得他是当朝名臣,也就放心地把画交给了他,他便连夜复制一幅假画,第二天将假画还去而将真画留下。由于他极善临摹,那假画的确足以乱真,故此得到不少名人真迹。

又一日,当他又用此法将自己临摹的一幅足以以假乱真的假画还去时,画主人却说了一句:"大人且莫玩笑,请将真画还我!"米芾大惊,问道:"此言何意?"那人回答:"我的画上有个小牧童,那小牧童的眼里有个牛的影子,您的画上没有。"米芾听罢,这才叫苦不迭。

上述这个极易被人忽略的小牧童眼里牛的影子,就是细节,而一向"稳操胜券"的米芾,也正是"栽"在眼中的牛这个小小的细节上! 而画主人之所以能够发现这一细节,肯定是对于画作有着非凡的鉴赏力和卓越的观察力,这绝非一天的功夫。

类似的情节还常常见诸文学作品，《聊斋志异》中就有一篇。

有个老人一向为人豪爽，常常主动借钱接济四方。有个好赌的无赖听说此事，就找到老人也想借钱，老人于是答应了他。可也就在这时，老人却发现了这位借钱者的一个极其熟练的动作——这位借钱者见案头放着几枚铜钱，便伸出手来，将那几枚铜钱"高下叠放，如此再三"。老人立即由这个细节看出，此乃赌徒的习惯动作，故此不再借钱给他。

汪中求先生也曾在书中说过："素养来自日常生活中一点一滴的细节积累，这种积累是一种功夫。"为此他还特意举了一个例子：

某著名大公司招聘职业经理人，应者云集，其中不乏高学历、多证书、有相关工作经验的人。经过初试、笔试等四轮淘汰后，只剩下6个应聘者，但公司最终只选择一人作为经理。所以，第五轮将由老板亲自面试。看来，接下来的角逐将会更加激烈。

可是当面试开始时，主考官却发现考场上多出了一个人，出现了7个考生，于是就问道："有不是来参加面试的人吗？"这时，坐在最后面的一个男子站起身说："先生，我第一轮就被淘汰了，但我想参加一下面试。"

人们听到他这么讲，都笑了，就连站在门口为人们倒水的那个老头子也忍俊不禁。主考官也不以为然地问："你连考试第一关都过不了，又有什么必要来参加这次面试呢？"这位男子说："因为我掌握了别人没有的财富，我本人即是一大财富。"大家又一次哈哈大笑了，都认为这个人不是头脑有毛病，就是狂妄自大。

这个男子说："我虽然只是本科毕业，只有中级职称，可是我却有着10年的工作经验，曾在12家公司任过职……"这时主考官马上插话说："虽然你的学历和职称都不高，但是工作10年倒是很不错，不过你却先后跳槽12家公司，这可不是一种令人欣赏的行为。"

男子说："先生，我并没有跳槽，而是那12家公司先后倒闭了。"在场的人第三次笑了。一个考生说："你真是一个地地道道的失败者！"男子也笑了："不，这不是我的失败，而是那些公司的失败。这些失败积累成为我自己的财富。"

这时，站在门口的老头子走上前，给主考官倒茶。男子继续说："我很了解那12家公司，我曾与同事努力挽救它们，虽然不成功，但我知道错误与失败的每一个细节，并从中学到了许多东西，这是其他人所学不到的。很多人只是追求成功，而我，更有经验避免错误与失败！"

男子停顿了一会儿，接着说："我深知，成功的经验大抵相似，容易模仿；而失败的原因各有不同。用10年学习成功经验，不如用同样的时间经历错误与失败，所学的东西更多、更深刻；别人的成功经历很难成为我们的财富，但别人的失败过程却是！"

男子离开座位，做出转身出门的样子，又忽然回过头说："这10年经历的12家公司，培养、锻炼了我对人、对事、对未来的敏锐洞察力，举个小例子吧——真正的考官，不是您，而是这位倒茶的老人……"

在场所有人都感到惊愕，目光转而注视着倒茶的老头。那老头诧异之际，很快恢复了镇静，随后笑着说："很好！你被录取了，因为我想知道——你是如何知道这一切的？"

老头的言语表明他确实是这家大公司的老板。这次轮到这位考生一个人笑了。

其实，这个考生从一进门就开始留意到这个倒茶水的老人的眼神、气度、举止等，看出他是这个企业的老板，说明他是一个观察力很强的人。这种洞察入微的功夫不是一朝一夕能够练就的，而需要长期的积累，在注重对每一个细节的观察中不断地训练和提高。这一点，对于一个人和一个企业来说都是相当重要的。

注意细节其实是一种功夫，这种功夫是靠日积月累培养出来的。谈到日积月累，就不能不涉及习惯，因为人的行为的95%都是受习惯影响的，在习惯中积累功夫，培养素质。勉强成习惯，习惯成自然。爱因斯坦曾说过这样一句有意思的话："如果人们已经忘记了他们在学校里所学的一切，那么所留下的就是教育。"也就是说"忘不掉的是真正的素质"。而习惯正是忘不掉的最重要的素质之一，否则，人们怎么会说"好运气不如好习惯"呢？

细节隐藏机会

在一些正式场合，人们对一个陌生人的了解，注意的往往就是他的小节。在互不熟悉的情况下，人们在不知不觉中就会先入为主地认为：一个小细节常常反映出大问题。所以，我们的小细节便是我们的名片，是我们身份的象征。

鲁尔先生要雇一名勤杂工到他的办公室打杂，他最后挑了一个男童。

"我想知道，"他的一位朋友问，"你为什么挑他，他既没有带介绍信，也没有人推荐。"

"你错了，"鲁尔先生说，"他带了很多介绍信。他在门口时擦去了鞋上的泥，进门时随手关门，这说明他小心谨慎。进了办公室，他先脱去帽子，回答我的问题干脆果断，证明他懂礼貌而且有教养。其他所有的人直接坐到椅子上准备回答我的问题，而他却把我故意扔在椅子边的纸团拾起来，放到废纸篓中。他衣着整洁，头发整齐，指甲干净。难道这些小细节不是极好的介绍信吗？"

可见，小细节不小，体现大素质，无独有偶的是，某公司高价招聘一位白领员工，不少能人前来应聘，但只有一人顺利过关，为什么？因为细心的经理注意到了一个细节，这就是当女服务员为这些应聘者递送茶水时，只有他一个人礼貌地站起来并用双手接过，还说了声"谢谢"。

这两则事例充分说明了，在交际场合尤其是事关重大的交际场合，请千万注意细节，因为这些细节之中隐藏着很多改变你人生的机遇，所以，不要放过你身边的一件细小之事，哪怕是为一位陌生的老人送去一把椅子。

一个阴云密布的午后，由于瞬间的倾盆大雨，行人们纷纷进入就近的店铺躲雨，一位老妇人也蹒跚地走进费城百货商店避雨。面对她略显狼狈的姿容和简朴的装束，所有的售货员都对她视而不见。

这时，一个年轻人诚恳地走过来对她说："夫人，我能为您做点什么吗？"老妇人莞尔一笑："不用了，我在这儿躲会儿雨，马上就走。"老妇人随即又心神不定了，不买人家的东西，却借用人家的店堂躲雨，似乎不近情理，于是，她开始在百货店里转起来，哪怕买个头发上的小饰物呢，也算给自己的躲雨找个心安理得的理由。

正当她犹豫徘徊时，那个小伙子又走过来说："夫人，您不必为难，我给您搬了一把椅子，放在门口，您坐着休息就是了。"两个小时后，雨过天晴，老妇人向那个年轻人道谢，并向他要了张名片，就颤巍巍地走出了商店。

几个月后，费城百货公司的总经理詹姆斯收到一封信，信中要求将这位年轻人派往苏格兰收取一份装潢整个城堡的订单，并让他承包写信人家族所属的几个大公司下一季度办公用品的采购订单。詹姆斯惊喜不已，匆匆一算，这一封信所带来的利益，相当于他们公司两年的利润总和！

他在迅速与写信人取得联系后，方才知道，这封信出自一位老妇人之手，而这位老妇人正是美国亿万富翁"钢铁大王"卡内基的母亲。

詹姆斯马上把这位叫菲利的年轻人，推荐到公司董事会上。毫无疑问，当菲利打起行装飞往苏格兰时，他已经成为这家百货公司的合伙人了。那年，菲利 22 岁。

随后的几年中，菲利以他一贯的忠实和诚恳，成为"钢铁大王"卡内基的左膀右臂，事业扶摇直上、飞黄腾达，成为美国钢铁行业仅次于卡内基的富可敌国的重量级人物。

菲利只用了一把椅子，就轻易地与"钢铁大王"卡内基攀亲附缘、齐肩并举，从此走上了让人梦寐以求的成功之路。这真是"莫以善小而不为"。

虽然一个人的成功，有时纯属偶然，可是，谁又敢说，那不是一种必然呢？在芸芸众生之中，有几人能像菲利一样不去拒绝那些平凡而又高尚的小事；又有多少人能长时间地坚持做好这些小事呢？这就可以看出来在很多看似偶然成功的背后，必有必然的因素在起作用。那种必然支配着这些偶然，很可能就是他们高出众人的整体素质。很多时候，这种素质就表现在坚持将小事做好上。

细节产生效率和效益

每一条跑道上都挤满了参赛选手，每一个行业都挤满了竞争对手。如果你任何一个细节做得不好，都有可能把顾客推到竞争对手的怀抱中。可是，任何对细节的忽视，都会影响企业的效益。

很多企业都在对细节的管理上下足了功夫：戴尔电脑公司的CMM（软件能力成熟度模型），软件开发分为18个过程域、52个目标和300多个关键实践，详细描述第一步做什么，第二步做什么。麦当劳对原料的标准要求极高，面包不圆和切口不平都不用，奶浆接货温度要在4℃以下，高一度就退货。一片小小的牛肉饼要经过40多项质量控制检查。任何原料都有保存期，生菜从冷藏库拿到配料台上只有两小时的保鲜期，过时就扔掉。生产过程采用电脑操作和标准操作。制作好的成品和时间牌一起放到成品保温槽中，炸薯条超过7分钟，汉堡包超过19分钟就要毫不吝惜地扔掉。麦当劳的作业手册，有560页，其中对如何烤一个牛肉饼就写了20多页，一个牛肉饼烤出20分钟内没有卖出就扔掉。

1979 年夏天，一位从东北来京出差的顾客，上衣的一只纽扣脱落了，到"天桥"商场来买一个一分钱的纽扣。正值傍晚时分，百货柜台前，顾客云集，业务繁忙。可售货员照样热情地接待这位只买一分钱东西的顾客，先是精心替他挑了一只一分钱的纽扣，然后又拿出针线，替他把纽扣缝好，说了声"欢迎您下次再来"，这才去接待别的顾客。

第二天，这位顾客又来了，还带来了 3 个伙伴，他们一起来到商场党支部，向书记、经理表达了他们的谢意。然后又在"天桥"商场买了两块手表、两套服装，还有一些其他商品，一共花了 550 元。买纽扣的那位顾客，还特意把手中的笔记本递到那位售货员的跟前，指着其中的"备忘录"说："这两块手表是别人托我买的，您看看，本上写着，让我上'亨得利'去买，可我要在你们'天桥'买。你们的服务态度好，叫人信得过！"

一个商场经营成败与否，不仅仅在于商品的质量好坏、样式多寡和管理是否有效上，而售货员的服务是至关重要的，他们服务的好与坏对一个百货商场的经营起到生命线作用。顾客都喜欢去售货员服务热情的商场购物，然而，就是由于这种热情服务，给商场赢得了多少固定客户和回头客呀。

这就是细节的魅力，只要您能够以细心的态度和真诚的服务去关注和满足客户需要的每个细节，即使是一个微笑、一束鲜花也会为您带来非常的惊喜、非常的效益。

在今天，凡是做营销的人没有不知道乔·吉拉德的，他被认为是"世界上最伟大的推销员"。他是如何成功的呢？

掌控细节

乔·吉拉德认为，卖汽车，人品重于商品。一个成功的汽车销售商，肯定有一颗尊重普通人的爱心。他的爱心体现在他的每一个细小的行为中。

有一天，一位中年妇女从对面的福特汽车销售商行，走进了吉拉德的汽车展销室。她说自己很想买一辆白色的福特车，就像她表姐开的那辆，但是福特车行的经销商让她过一个小时之后再去，所以先过这儿来瞧一瞧。

"夫人，欢迎您来看我的车。"吉拉德微笑着说。妇女兴奋地告诉他："今天是我 55 岁的生日，想买一辆白色的福特车送给自己作为生日礼物。""夫人，祝您生日快乐！"吉拉德热情地祝贺道。随后，他轻声地向身边的助手交代了几句。

吉拉德领着夫人从一辆辆新车面前慢慢走过，边看边介绍。在来到一辆雪佛莱车前时，他说："夫人，您对白色情有独钟，瞧这辆双门式轿车，也是白色的。"就在这时，助手走了进来，把一束玫瑰花交给了吉拉德。他把这束漂亮的鲜花送给夫人，再次对她的生日表示祝贺。

那位夫人感动得热泪盈眶，非常激动地说："先生，太感谢您了，已经很久没有人给我送过礼物。刚才那位福特车的推销商看到我开着一辆旧车，一定以为我买不起新车，所以在我提出要看一看车时，他就推辞说需要出去收一笔钱，我只好上您这儿来等他，现在想一想，也不一定非要买福特车不可。"就这样，这位妇女就在吉拉德这儿买了一辆白色的雪佛莱轿车。

正是这种许许多多细小行为，为吉拉德创造了空前的效益，使他的营销取得了辉煌的成功，他被《吉尼斯世界纪录大全》誉为"全世界最伟大的销售商"，创造了12年推销13000多辆汽车的最高纪录。有一年，他曾经卖出汽车1425辆，在同行中传为美谈。

你对你的客户服务愈周到，他们就愈会和你保持良好的关系。你提供的服务越细致、越全面，顾客对你的印象就越深刻。

细节有时正是事物的关键所在

王老板最怕淹水，因为他卖纸，纸重，不能在楼上堆货，只好把东西都放在一楼。

天哪！还差半尺。天哪！只剩两寸了。每次下大雨，王老板都不眠不休，盯着门外的积水看。所幸回回有惊无险，正要淹进门的时候，雨就停了。

一年、两年，都这么度过。这一天，飓风来，除了下雨，还有河水泛滥，门前一下子成了条小河，转眼水位就漫过了门槛，王老板连沙包都来不及堆，店里几十万的货已经泡了汤。

王太太、店员，甚至王老板才十几岁的儿子都出动了，试着抢救一点纸，问题是，纸会吸水，从下往上，一包渗向一包，而且外面的水，还不断往店里灌。

大家正不知所措时，却见王老板一个人，冒着雨、蹚着水，出去了。"大概是去找救兵了。"王太太说。而几个钟头过去，雨停了、水退了，才见王老板一个人回来。这时候就算他带几十个救兵回来，又有什么用？店里所有的纸都报销了，又因为沾上泥沙，连免费送去做回收纸浆，纸厂都不要。

王老板收拾完残局，就搬家了，搬到一个老旧公寓的一楼。他依旧做纸张的批发生意，而且一下子进了比以前多两三倍的货。

"他是没淹怕，等着关门大吉。"有职员私下议论。果然，又来台风，又下大雨，河水又泛滥了，而且，比上次更严重。好多路上的车子都泡了汤，好多地下室都成了游泳池、好多人不得不爬上屋顶。

王老板一家人，站在店门口，左看，街那头淹水了；右看，街角也成了泽国，只有王老板店面的这一段，地势大概特高，居然一点都没事，连王老板停在门口的新车，都成了全市少数能够劫后余生的。王老板一下子发了，因为几乎所有的纸行都泡了汤，连纸厂都没能幸免，人们急着要用纸，印刷厂急着要补货、出版社急着要出书，大家都抱着现款来求王老板。

"你真会找地方，"同行问，"平常怎么看，都看不出你这里地势高，你怎会知道？"

"简单嘛。"王老板笑笑，"上次我店里淹水，我眼看没救了，干脆蹚着水、趁雨大，在全城绕了几圈，看看什么地方不淹水。于是，我找到了这里。"

王老板拍拍身边堆积如山的纸，得意地说："这叫救不了上次，救下次，真正的'亡羊补牢'哇。"

其实，王老板之所以能够成功是与他留意到在大雨中，全城哪里不淹水这样的一个细节是紧密相连的，这充分说明了细节有时恰恰是事物的关键所在。当然，"成由细节，败由细节"，就看你能不能充分发现并重视这些细节。

同样，对于营销来说，一个营销方案是否能取得预期效果，就还原创意和实现创意的过程而言，执行过程中的细节绝对是重中之重。

某乳品企业营销副总谈起他们在某市的推广活动时说："我们的推广非常注重实效，不说别的，每天在全市穿行的 100 辆崭新的送奶车，醒目的品牌标志和统一的车型颜色，本身就是流动的广告，而且我要求，即使没有送奶任务也要在街上开着转。多好的宣传方式，别的厂家根本没重视这一点。"

然而，这个城市里原来很多喝这个牌子牛奶的人，后来却坚决不喝了，原因正是送奶车惹的祸。原来，这些送奶车用了一段时间后，由于忽略了维护清洗，车身沾满了污泥，甚至有些车厢已经明显破损，但照样每天在大街上招摇过市。人们每天受到这种不良的视觉刺激，喝这种奶还能有味美的感觉吗？

创造这种推广方式的厂家没想到："成也送奶车，败也送奶车。"对送奶车卫生这一细节问题的忽视，导致了创意极佳的推广方式的失败。同样的问题越来越多地出现在各企业的各个营销环节中。很多企业在营销出现问题的时候，一遍遍思考营销战略、推广策略哪儿出了毛病，但忽视了对执行细节的认真审核和严格监督。

为什么企业界会发生如此多的悲剧呢？看看这些企业当年的发展规模和发展速度，看看这些企业当年的运作模式，有哪一家的失败不是"千里之堤，溃于蚁穴"的呢？尤其是保健品巨头三株。

三株，曾在短短 3 年时间里，销售额提高了 64 倍，达到 80 亿元，创造了中国保健品行业无比辉煌的帝国，其销售网络遍布全国城市，甚至村镇。总裁吴炳新曾吹嘘过："在中国有两大网络，一是邮政网，一是三株销售网。"但是，一篇《八瓶三株口服液喝死一条老汉》的新闻报道，便使三株这个庞然大物轰然倒下，气病了难得的企业帅才吴炳新，同时也使许多企业界人士长嗟短叹，唏嘘不已。

三株的垮掉原因当然是仁者见仁，智者见智。但是，其中有一种很奇怪的现象——当三株遭遇危机时，各级销售人员纷纷携款而去，值得人们深思。如此大的企业，居然管理纪律不严，财务监督不严，没有对付突发事件的应急方案。

我们来看看总裁吴炳新在1997年年终大会上总结的三株"十五大失误"吧。

（1）市场管理体制出现了严重的不适应，集权与分权的关系没处理好。

（2）经营体制未能完全理顺。

（3）大企业的"恐龙症"严重，机构臃肿，部门林立，程序复杂，官僚主义严重，信息不流畅，反应迟钝。

（4）市场管理的宏观分析、计划、控制职能未能有效发挥，对市场的分析估计过度乐观。

（5）市场营销策略、营销战术与消费需求出现了严重的不适应。

（6）分配制度不合理，激励制度不健全。

（7）决策的民主化、科学化没有得到进一步加强。

（8）部分干部骄傲自满和少数干部的腐化堕落，导致了我们许多工作没做到位。

（9）浪费问题严重，有的子公司70%广告费被浪费掉，有的子公司一年电话费 39 万元，招待费 50 万元。

（10）山头主义盛行，自由主义严重。

（11）纪律不严明，对干部违纪的处罚较少。

（12）后继产品不足，新产品未能及时上市。

（13）财务管理严重失控。

（14）组织人事工作和公司的发展严重不适应。

（15）法纪制约的监督力不够。

由此可见，三株的倒闭并非是因哪家新闻报道所为，而是三株的"大堤"早已被"蚁穴"掏空了。试想，内部如此混乱不堪的一家企业，怎么经得起市场的大潮呢？如果不是三株内部管理存在这么多"蚁穴"，像三株这样大的企业产品质量不可能出现如此大的失误；如果不是三株内部存在这么多"蚁穴"，三株完全有能力事后补救，找出解救良药。

这也回答了这样一个问题，即为什么有的企业能够历经风雨而长盛不衰，而有的企业却只能红火一时轰然倒下。重要的原因是对细节的态度和处理存在着根本的不同。从企业管理的角度来看，细节是管理是否到位的标志。管理不到位的企业很难成为成功的企业，更难以根基牢固。当前，忽视细节，管理不到位是不少企业的通病。如何在激烈的市场竞争中立于不败之地，是每个企业面临的重大课题。今后的竞争将是细节的竞争。企业只有注意细节，在每一个细节上下够功夫，才能全面提高市场竞争力，保证企业基业长青，在企业基本战略抉择成形以后，决定企业成败的就是"细节管理"。

第一章

小事成就大事，细节造就卓越

——伟大源于细节的积累

世界级的竞争就是细节的竞争

随着社会的飞速发展，社会分工越来越细，新兴职业越来越多，职业更替的周期也在不断加速。据统计，中国目前已经有了1800多种职业，并且还有逐年增加的趋势。

分工越来越细，专业化程度越来越高，是社会发展的必然趋势。从古典经济学派的亚当·斯密、大卫·李嘉图到萨伊、马克思、马歇尔、熊彼特、凯恩斯、萨缪尔森等几乎所有的经济学家，都把分工看成是工业化进程不断深化、劳动生产率不断提高的重要根据。

经济学的开山鼻祖亚当·斯密的首要观点就是分工，讲专业化分工如何发展。市场经济的发展一定是越来越专业化的竞争，国际上许多优秀大企业都是上百年专注于一个领域，把工作做足、做细，然后再涉足相关领域，而不是到处插手，盲目多元化。

1981年于瑞士Apples市成立的罗技电子（Logitech）是全世界知名的电脑设备供应商，当初罗技只是依靠生产鼠标和键盘进入电脑设备行业。鼠标和键盘是电脑最不可缺少的外设配件，同时也是价钱较低、获利较少的配件，因此无法吸引电脑行业的巨头们，这便给了罗技一个契机。从此，罗技走上了鼠标和键盘生产的专业化道路，经过了数年的努力，罗技成为全球最大的鼠标和键盘的生产供应商。

对此，汪中求先生认为这对中国的企业，尤其是中小企业有很大的借鉴意义。他一直不主张搞盲目的多元化，因为中国的企业95%都是中小企业，多元化基本上是陷阱而不是馅饼。中国的企业如果能在专业化上下足功夫，把产品做精，把质量做细，一定会获得高速的成长。浙江、广东的很多企业在这一点上做得非常好。最有代表性的就是鲁冠球的杭州万向节厂。整个 20 世纪 80 年代鲁冠球集中力量生产汽车万向节，实施"生产专业化，管理现代化"以后，又实现"产品系列化"，使当初只有 7 个人、4000 元资产的小厂一跃成为有数亿元资产的大型企业。2003 年，鲁冠球位列中国富豪榜第 4 名，资产 54 亿元。

但是世界上却有很多企业家并不知道"钻石就在自己的脚下"的道理，他们喜欢像蜜蜂一样，在全国和世界各地飞来飞去，寻找他们的生意机会，显得异常忙碌。其实完全没有必要，因为在你自己的后院里就可能有很多处理不完的好买卖，只要自己一件一件做好就能够赚大钱。

在美国，一个名叫赫博的人经历过一件惨事：破产！赫博很多年来一直是一个精明的建筑商，他不断地周游全国，以规模越来越大的高层写字楼和公寓楼群给自己立下了一个又一个的纪念碑，但最终他还是破产了。

后来他和他的朋友在一起谈起他的故事。赫博说："你知道，在忍受出差去远方城市开发大项目带来的所有不适和不便的同时，我花费了大量钱财。那是一个永远结束不了的噩梦：与飞机场行李搬运工、票务代理商、空姐、出租车司机和旅馆服务员频繁打交道；忙于进出宾馆以及处理商务差旅所带来的一切麻烦，我做好了这些细节，结果到头来却是竹篮打水一场空。如果这些年我待在家里，每天只需要在我所住的那条街道上花一个小时来回散步，关注那些细微的变化，注意那些要出售的房产，几乎不用花费什么力气，我就可以轻而易举地赚到数百万美元。我需要做的只是买下那条街上出售的每一份房地产，然后等待机会将它们卖出去。当我耗心费力地在全国各地到处奔波的时候，我所住的那条街道的房地产升值了10倍还多。"

可见，"世界级的竞争，就是细节竞争"。在现代社会里，对细节的重视已经深入人心。作为一个企业的管理者，不仅要关注企业宏观战略的内容，更要注重企业微观方面的管理内容。企业的执行人员，要从细节入手把工作做细，从而在企业中形成一种管理文化，那就要注重战略百分百的执行，从而使企业具有极其强大的竞争威力。

作为世界上著名的动画片制作中心的迪士尼公司就十分善于从细节上为观众和游人提供优质服务，从而使游人在离开迪士尼乐园以后仍然可以感受到他们服务的周到。他们调查发现，每天平均大约有2万游人将车钥匙反锁在车里。于是他们抓住了这个细节，公司雇用了大量的巡游员，专门在公园的停车场帮助那些将钥匙锁在车里的家庭打开车门。无须给锁匠打电话，无须等候，也不用付费。正是这样一个小小的细节，让成千上万的游客感受到迪士尼公司无微不至的服务。

迪士尼公司的服务意识与其产品一样优秀，因为公司内部流传一种"晃动的灯影"理论。所谓"晃动的灯影"，也是迪士尼公司企业文化的一部分。这一词汇源自该公司的动画片《兔子罗杰》，其中有个人物不小心碰到了灯，使得灯影也跟着晃动。这一精心设计，只有少数电影行家才会注意到。但是，无论是否有人注意到，这都反映出迪士尼公司的经营理念一直臻于至善，从而使迪士尼公司越来越深入人心。

细节造就完美。世上不可能有真正的完美，但无论企业也好，人也好，都应该有一个追求完美的心态，并将其作为生活习惯。目前，很多企业虽然有远大的目标，但在具体实施时，由于缺乏对完美的执着追求，事事以为"差不多"便可，结果是：由于执行的偏差，导致许多"差不多的计划"到最后一个环节已经变得面目全非。

企业经常面对的看似都是琐碎、简单的事情，却最容易忽略，最容易错漏百出。其实，企业也好，个人也好，无论有怎样远大的目标，如果一个细节处理不够到位，就会被搁浅，而导致最终的失败。"大处着眼，小处着手"，与魔鬼在细节上较量，才能达到管理的最高境界。

战略：从细节中来，到细节中去

当今社会，企业越做越大，大得不敢想象，但不知道您有没有注意到，在这大的背后，企业对细节的重视度越来越高，其实这种现象是必然的。因为战略决定命运，而当今企业的战略往往就是"从细节中来，到细节中去"。这包含两个主要因素：

战略：从细节中来，到细节中去

战略管理大师迈克尔·波特认为，战略的本质是抉择、权衡和各适其位。

所谓"抉择"和"权衡"，就是我们所谈的每个战略制定前的调研分析，以便做出最后决定的过程；"各适其位"就是对战略定下来以后的具体细节的执行过程。那么，这个前期的过程，拆开来看，就是对每一个细节的关注。

　　麦当劳在中国开到哪里，火到哪里，令中国餐饮界人士既羡慕，又嫉妒。可是我们有谁看到了它前期艰苦细致的市场调研工作呢？麦当劳进驻中国前，连续5年跟踪调查。内容包括中国消费者的经济收入的情况和消费方式的特点，提前4年在中国东北和北京市郊试种马铃薯，根据中国人的身高体形确定了最佳柜台、桌椅和尺寸，还从香港麦当劳空运成品到北京，进行口味试验和分析。开首家分店时，在北京选了5个地点反复论证、比较，最后麦当劳进军中国，一炮打响。这就是细节的魅力。

　　众所周知，美国是"车轮上的国家"，汽车普及率居全球首位，每100人平均有约60辆车，目前在全美国有超过1亿辆车在行驶着。美国每年销售新车约1400万辆，是全球最庞大的单一汽车市场，所以美国又是全世界汽车业最重要、竞争最激烈的地方。

　　但是美国在汽车界龙头老大的地位逐渐在20世纪70年代石油危机之后发生了动摇，这主要是因为日本小型汽车的崛起。从70年代到90年代，日本汽车大举打入美国市场，势如破竹，给美国汽车市场造成巨大损失，追究其中的根源，就是在于日本汽车企业制定了"一切围绕细节"的战略决策。

　　丰田公司在对汽车调研的这件事上，表现出了日本人特有的精细。发生在20世纪90年代的一件小事，说明了丰田公司市场调研的精细程度：

　　一位彬彬有礼的日本人来到美国，没有选择旅馆居住，却以学习英语为名，跑到一个美国家庭里居住。奇怪的是，这位日本人除了学习以外，每天都在做笔记，美国人居家生活的各种细节，包括吃什么食物、看什么电视节目等，全在记录之列。3个月后，日本人走了。此后不久，丰田公司就推出了针对当今美国家庭需求而设计的价廉物美的旅行车，大受欢迎。该车的设计在每一个细节上都考虑了美国人的需要，例如，美国男士（特别是年轻人）喜爱喝玻璃瓶装饮料而非纸盒装的饮料，日本设计师就专门在车内设计了能冷藏并能安全放置玻璃瓶的柜子。直到该车在美国市场推出时，丰田公司才在报上刊登了他们对美国家庭的研究报告，并向那户人家致歉，同时表示感谢。

　　正是通过这一系列细致的工作，丰田公司很快掌握了美国汽车市场的情况，5年以后，丰田终于制造出了适应美国需求的轿车——可乐娜。有一个关于可乐娜的广告宣传片是这样的：一辆可乐娜汽车冲破围栏腾空而起，翻了几个滚后稳稳落地，然后继续向前开。马力强劲、坚固耐用、造型新颖，同时价格低廉（不到2万美元）的可乐娜推向美国后获得巨大成功。当年丰田汽车在美国销售量达3000多辆，是上年的9倍多。此后10年丰田汽车公司在美国不断扩展市场份额，1975年时已成为美国最大的汽车进口商，到1980年，丰田汽车在美国的销售量已达到58000辆，相当于1975年销售量的两倍，丰田汽车占美国进口汽车总额的25%。1999年，丰田公司在日本占据的市场份额从38%增加到40%以上，丰田还占据了东南亚21%的市场，是最接近它的三菱汽车公司份额的两倍。

试想：如果日本丰田公司不做如此细致、准确的市场调研的话，能有现在这样辉煌的情形吗？

再好的战略，也必须落实到每个细节的执行上

中国不缺少雄韬伟略的战略家，缺少的是精益求精的执行者；绝不缺少各类规章、管理制度，缺少的是对规章制度不折不扣的执行。好的战略只有落实到每个执行的细节上，才能发挥作用，也就是迈克尔·波特说的"各适其位"。

张先生在不到一年的时间中，在宝岛眼镜连锁店的两次经历让他在商业氛围中产生了真正的感动。第一次是在 2003 年 3 月初，那时张先生刚从南方来到现在工作的城市，对这个城市还不大了解。一天，路过宝岛眼镜店，想起自己的眼镜架最近几天有点紧，压迫着太阳穴，很不舒服，径直走了进去。

刚进门，店内服务人员就向他问好，并询问他需要什么帮助。说明来意之后，服务人员把他领到一个柜台前，告知该柜台可以提供所需要的服务。由于柜台旁人很多，服务人员便让他坐在柜台附近的椅子上。坐下不久，服务人员端来一杯微微冒着热气的茶水，微笑着说："先生，先喝杯茶，桌子上的杂志您可以随意翻阅，很快就可以轮到你的。"张先生一边道谢，一边接过服务人员手中的纸杯。于是，一边喝水，一边翻阅杂志。没等多久就轮到了他，工作人员耐心地为他调整眼镜架的宽度，一次次试戴，直到他感觉舒适为止。他很为工作人员发自内心的真诚所感动，甚至感觉自己真正地做了一回"上帝"。于是，张先生提出付费，工作人员却微笑着说："这些服务是免费的。"张先生仍然过意不去，再三提出付费的请求，但是工作人员坚持拒绝收取服务费用。

2004 年 1 月上旬，张先生的镜架又出现不适的感觉：一边高，一边低。想起宿舍附近也有一家宝岛眼镜，便打算第二天去修一修。但是，考虑到服务免费的问题，又有一些说不出的难为情。不过，想到镜架价值较高，最终还是决定去宝岛眼镜维修镜架。第二天天气很冷，走进宝岛眼镜店迎来的同样是一张张笑脸，询问可以提供什么样的帮助后，服务员带领他到相关柜台，并搬来椅子让他坐下。不到一分钟，一位先生端来一杯热茶。张先生端在手中，明显地感觉到温度高于 2003 年 3 月那杯，联想到当天的室外温度，张先生顿时明白了这杯茶的温度所蕴含的真诚：细微之处替顾客着想。一想到此，另一种决定油然而生：下一次配镜一定选择宝岛眼镜。这是他发自内心的感动和决定，就像宝岛眼镜的真诚服务来自心灵深处一样。

所以说，战略和战术、宏观和微观是相对的，战略一定要从细节中来，再回到细节中去；宏观一定要从微观中来，再回到微观中去。

做人不计小，做事不贪大

改革开放以来，我国出现了少有的蒸蒸日上、欣欣向荣的局面。这种形势为个人才能的施展搭建了舞台，使不少人走向辉煌，同时，又激发了不少人对成功的憧憬，为此去开拓、去拼搏。然而，任何事物都具有两重性，也引发了一些人一心只想做"大事"，幻想一夜成功、名扬四海。浮躁的心态，已成了一种常见的社会现象。

2003 年 11 月，汪中求先生应河南安阳市工商联的邀请，去安阳为企业做营销培训。当地一位知名企业的厂长在与他交谈时说："我们厂子花了 60 多万美元进口了两台世界上最先进的设备，可是我们操作机器的人水平达不到，两台设备发挥不出应有的效益。"汪先生问他："你们厂里操作这两台设备的人是什么水平？"他回答："是大专毕业生，而据出口这台设备的美国公司说，操作这两台设备的最低要求应该是研究生水平，而且应具有良好的英语水平和良好的责任心。"汪先生说："那你为什么不引进一些研究生和本科生呢？"他有些难为情地说："安阳是个小地方，别说研究生，就是本科生都不愿意来。"

安阳实际上不能算是个小地方，应该说是地区中心城市。我们的大学毕业生们一心盯着京、津、沪等直辖市，次一点也要去省会城市，而中国众多的中小城市却找不到合格的人才，这是不是与当代的大学生心态有关系呢？

说到底，不在于大地方、小地方，大企业、小企业，是你愿不愿意真正从基层做起，是你知不知道自己的身价几何。

客观地讲，从事业发展的角度来看，不发达的地域反而给自己的机会多些。这些地区的经济及各项事业有待起飞，急需人才，所以那些有志气、有专长、能吃苦的人，如果下决心到这样艰苦的地区开拓事业，同样可以找到机会，同样能够大有作为。

有一位法律学校的毕业生，家在一个小县城里。毕业时，很多同学利用关系千方百计想留到大城市里，他没有任何关系只好回县城。当时还很沮丧，后来他才意识到，回到偏僻地方也许是一次难得的机遇。因为当一个好律师，必须有很多实践机会。他发现整个县城没有

掌控细节

一个正式的律师，他是唯一一个受过正规训练的人，领导十分器重他，把很多案子交给他来办。由于他潜心学习，很爱动脑筋，办了好多大案子甚至是棘手案子，取得成就的他很快崭露头角，成了所里的顶梁柱。后来，有一个考取正式律师的名额，自然非他莫属，他刚 22 岁就成了一名正式律师，并当上了律师事务所所长。相反，与他同期毕业留在大城市的同学，由于省城人才济济，实习的机会少，几年之后有的还没有单独办过案子，还是见习律师，有的还在当文书，做助手。见面的时候，同学们反而用羡慕的目光看他，说他是幸运儿、机遇好。其实，应该说这是落后艰苦地域给了他磨炼提高的好机会，使他很快成才。正是从这个意义上来说，艰苦的地域可以给有志青年提供有助于成长的机遇。

可见，能够做成大事之人都是从简单的、具体的、琐碎的、单调的小事中一步一步走过来的。把小事做好，把好事做大，是他们成就大事的基础和秘诀。

对此，老子早就说过："天下难事，必做于易；天下大事，必做于细。"对于企业而言，如果不重视细节的运营，心态浮躁，急功近利的话，那么很难有很大的发展。

据统计，世界 500 强企业的平均寿命是 40 ~ 50 岁，美国每年新生 50 万家企业，10 年后仅剩 4%，日本存活 10 年的企业比例也不过18.3%，而中国大企业的平均寿命是 7 ~ 8 岁，中小民营企业平均寿命是 2.9 岁。这的确是一个很残酷的现实。

由于浮躁，有的企业前期势头不错，刚发展到了几千万资产，就要搞多元化经营；刚搞到了几个亿，就要搞国际化，誓言几年之内进军世界 500 强。于是就头脑发热，盲目扩张；耳根发硬，听不进别人的意见；两眼发晕，看不到企业经营中的风险……

新加坡著名华人企业家、"橡胶"兼"黄梨"大王李光前有自己独特的经营方法。1928 年他创建南益树胶公司时，鉴于许多胶商因把资金用来购买胶园与烟房从而使资金周转不灵甚至倒闭的教训，李光前采取与众不同的方式，没有把资金用来购买胶园与胶厂烟房；他的烟房除了在麻坡武吉巴西的旧烟房外，是租用别人的胶厂；树胶则向小园主收购。这种经营方式虽然利润较低，但流动资金充裕，可以随时调动。

李光前采取现金交易的原则，这也是与众不同的。小园主把胶液与胶丝卖给南益公司，除可一手拿钱一手交货外，在急需现款时还可以向公司预借。因此，小园主都乐于与他交易，使公司不致缺货或断货，弥补了没有树胶园的短处。1929 年，世界性经济危机爆发并波及新加坡，胶价暴跌，拥有大量胶园与胶厂的树胶商损失惨重，中小胶商更是纷纷破产。而李光前的南益公司即使在胶价最低时，也现金充裕，受损失最为轻微。

此后，李光前在经营方式上更为谨慎，凡是购买胶园或增建胶厂的资金，绝不向银行借贷。银行给予的贷款，只用作流动资金。由于他信用良好，1958 年，南益集团曾向新加坡汇丰银行取得 4500 万的抵押贷款，成为当时获得贷款最多的华人公司。因此，李光前曾经这样说过："凡是在工商业上最成功的人，就是最会利用银行信用的人。"后来，李光前进行多元化投资，其南益集团成为新加坡最大的企业集团之一。

求快、求发展是我们每个人的心愿，但如何做？这要求大家不论是做人、做事、做管理，都应当踏踏实实。从实际出发，从大处着手，从小事做起，拒绝浮躁。因此，要时刻牢记这样一个口号："做事不贪大，做人不计小。"

微小的付出能给你带来巨大的收获

对艾伦一生影响深远的一次职务提升是由一件小事情引起的。一个星期六的下午，一位律师（其办公室与艾伦的同在一层楼）走进来问他，哪儿能找到一位速记员来帮忙——手头有些工作必须当天完成。

艾伦告诉他，公司所有速记员都去观看球赛了，如果晚来5分钟，自己也会走。但艾伦同时表示自己愿意留下来帮助他，因为"球赛随时都可以看，但是工作必须在当天完成"。

做完工作后，律师问艾伦应该付他多少钱。艾伦开玩笑地回答："哦，既然是你的工作，大约1000美元吧。如果是别人的工作，我是不会收取任何费用的。"律师笑了笑，向艾伦表示谢意。

艾伦的回答不过是一个玩笑，并没有真正想得到1000美元。但出乎艾伦意料，那位律师竟然真的这样做了。6个月之后，在艾伦已将此事忘到了九霄云外时，律师却找到了艾伦，交给他1000美元，并且邀请艾伦到自己公司工作，薪水比现在高出1000多美元。

一个周六的下午，艾伦放弃了自己喜欢的球赛，多做了一点事情，最初的动机不过是出于乐于助人的愿望，而不是金钱上的考虑。

艾伦并没有责任放弃自己的休息日去帮助他人，但那是他的一种特权，一种有益的特权，它不仅为自己增加了1000美元的现金收入，而且为自己带来一项比以前更重要、收入更高的职务。

因此，我们不应该抱有"我必须为老板做什么"的想法，而应该多想想"我能为老板做些什么"。一般人认为，忠实可靠、尽职尽责完成分配的任务就可以了，但这还远远不够，尤其是对于那些刚刚踏入社会的年轻人来说更是如此。要想取得成功，必须做得更多更好。一开始我们也许从事秘书、会计和出纳之类的事务性工作，难道我们要在这样的职位上做一辈子吗？成功者除了做好本职工作以外，还需要做一些不同寻常的事情来培养自己的能力，引起人们的关注。

如果你是一名货运管理员，也许可以在发货清单上发现一个与自己的职责无关的未被发现的错误；如果你是一个过磅员，也许可以质疑并纠正磅秤的刻度错误，以免公司遭受损失；如果你是一名邮差，除了保证信件能及时准确送达，也许可以做一些超出职责范围的事情……这些工作也许是专业技术人员的职责，但是，如果你做了，就等于播下了成功的种子。

付出多少，得到多少，这是一个众所周知的因果法则。也许你的投入无法立刻得到相应的回报，也不要气馁，应该一如既往地多付出一点。回报可能会在不经意间，以出人意料的方式出现。最常见的回报是晋升和加薪。除了老板以外，回报也可能来自他人，以一种间接的方式来实现。

伟大始于平凡，一个人手头的小工作其实是大事业的开始，能否意识到这一点意味着你能否做成一项大事业，能否取得成功。

从前在美国标准石油公司里，有一位小职员叫阿基勃特。他在远行住旅馆的时候，总是在自己签名的下方，写上"每桶4美元的标准石油"字样，在书信及收据上也不例外，签了名，就一定写上那几个字。他因此被同事叫作"每桶4美元"，而他的真名反倒没有人叫了。

公司董事长洛克菲勒知道这件事后说："竟有职员如此努力宣扬公司的声誉，我要见见他。"于是邀请阿基勃特共进晚餐。

后来，洛克菲勒卸任，阿基勃特成了第二任董事长。

这是一件谁都可以做到的事，可是只有阿基勃特一个人去做了，而且坚定不移，乐此不疲。嘲笑他的人中，肯定有不少人才华、能力在他之上，可是最后，只有他成了董事长。

一个人的成功，有时纯属偶然，可是，谁又敢说，那不是一种必然呢？

恰科是法国银行大王，每当他向年轻人回忆过去时，他的经历常令闻者沉思起敬，人们在羡慕他的机遇的同时，也感受到了一个银行家身上散发出来的特有精神。

还在读书期间，恰科就有志于在银行界谋职。一开始，他就去一家最好的银行求职。一个毛头小伙子的到来，对这家银行的官员来说太不起眼了，恰科的求职接二连三地碰壁。后来，他又去了其他银行，结果也是令人沮丧。但恰科要在银行里谋职的决心一点儿也没受到影响，他一如既往地向银行求职。有一天，恰科再一次来到那家最好的银行，"胆大妄为"地直接找到了董事长，希望董事长能雇用他。然而，他与董事长一见面，就被拒绝了。对恰科来说，这已是第52次遭到拒绝了。当恰科失魂落魄地走出银行时，看见银行大门前的地面有一根大头针，他弯腰把大头针拾了起来，以免伤人。

回到家里，恰科仰卧在床上，望着天花板直发愣，心想命运对他为何如此不公平，连让他试一试的机会也没给，在伤心中，他睡着了。第二天，恰科又准备出门求职，在关门的一瞬间，他看见信箱里有一封信，拆开一看，恰科欣喜若狂，甚至有些怀疑这是否在做梦——他手里的那张纸是录用通知。

原来，昨天恰科蹲下身子去拾大头针的细节，被董事长看见了。董事长认为如此精细小心的人，很适合当银行职员，所以，改变主意决定雇用他。恰科是一个对一根针也不会粗心大意的人，因此他才得以在法国银行界平步青云，终于有了功成名就的一天。

人生的美德再没有比爱心来得更宝贵的了，它是一切美好事物的头。"如果把爱拿走，地球就变成一座坟墓了。"而当你献出心中的爱时，得到的爱会成倍地增加，甚至一个小小的爱心之举就会改变你的命运，让你一举成名。

爱心的力量不可估量，它是一个人走向成功的内在动力。它不仅可以让你的心灵得到满足，重要的是，在你献出爱心的同时，他人会记住你的爱心，在你需要帮助的时候，他们也就会真心实意地支持你。爱心是互补的，只要你充满了爱心，你就会被别人的爱心所包围，这样的人自然更容易取得成功。

但是要培养出良好的"爱"的艺术并非轻而易举的事，它需要你通过自身的努力实践来获得。在生活中，你要处理好与同事、邻里和上司的关系，一旦他们有什么困难需要帮助时，你就要挺身而出，帮他们做一些力所能及的事。

　　　　掌控细节

总之，你要加强自我修养，多向一些修养好、品德高尚、富有爱心的人学习。毕竟人生因为有爱才有意义、有激情、有奔头。而能使你走向成功的唯一动力，也正是它——爱心。

从小事中做出大学问

西点军校在培训方面很重视细节，总是强调必须熟知每一个细节点，比如从M16枪支的使用和构造到扣环的清洁等。他们通过细节的学习让学员了解到，追求完美其实并不是遥不可及的事情，而是像擦扣环一样容易：你能把扣环擦亮，在做重大的事情时，就一样有信心去做成功，而不受别的因素影响。西点军校要求学员像呼吸一样完成任务，形成一种近乎本能的追求完美的习惯。

面对这种严格的要求，在有些事情上，新学员可能会做得不够完美，所以学员必须学会在所有事情中去判断哪个重要、哪个次之，找出平衡点，有条理地、努力地去完成所有的任务，尽量做得成功和完美。通过这种训练，使学员在以后的生活中，遇到再多压力也能应对自如。

如果学员身上很痒，但要忍得住，不能去挠。试想，如果一支部队的士兵都在左摇右摆地挠痒，他们能有战斗力吗？所以，学员应该明白这就是自律。

新学员在第一年要学会服从，通过在服从中体验这些困难，以增强他们的自尊、自信、自律，从而达到追求完美的目的。

注重细节是一种日积月累的习惯，而人的行为有95%会受习惯影响。在习惯中积累会逐渐形成素质。爱因斯坦曾说过："当人们忘记了在学校里所学的一切之后，剩下的就是素质，教育的真正目的也在于此。"而习惯就是忘不掉的最重要的素质之一。

人与人之间的差别，往往就在一些习惯上，并且正是因为这些关注细小的事情所养成的习惯，决定了不同的人具有不同的命运。

两个同龄的年轻人同时受雇于一家店铺，并且拿同样的薪水。

可是一段时间后，叫阿诺德的那个小伙子青云直上，而叫布鲁诺的小伙子却仍在原地踏步。布鲁诺很不满意老板的不公正待遇，终于有一天他到老板那儿发牢骚了。老板一边耐心地听着他的抱怨，一边在心里盘算着怎样向他解释清楚他和阿诺德之间的差别。

"布鲁诺先生，"老板开口说话了，"你现在到集市上去一下，看看今天早上有什么卖的。"

布鲁诺从集市上回来向老板汇报说，今早集市上只有一个农民拉了一车土豆在卖。"有多少？"老板问。

布鲁诺赶快戴上帽子又跑到集市上，然后回来告诉老板一共40袋土豆。"价格是多少？"布鲁诺又第三次跑到集市上问来了价格。"好吧，"老板对他说，"现在请您坐到这把椅子上一句话也不要说，看看别人怎么做。"

老板将阿诺德找来，并让他看看集市上有什么可卖的。

阿诺德很快就从集市上回来了，向老板汇报说到现在为止只有一个农民在卖土豆，一共40口袋，价格是多少多少；土豆质量很不错，他带回来一个让老板看看。这个农民一个钟头以后还会弄来几箱西红柿，据他看价格非常公道。昨天他们铺子的西红柿卖得很快，库存已经不多了。他想这么便宜的西红柿老板肯定会要进一些的，所以他不仅带回了一个西红柿做样品，而且把那个农民也带来了，他现在正在外面等回话呢。

此时老板转向了布鲁诺，说："现在你肯定知道为什么阿诺德的薪水比你高了吧？"

同样的小事情，有心人做出大学问，不动脑子的人只会来回跑腿而已。别人对待你的态度，就是对你做事情结果的反应，像一面镜子一样准确无误，你如何做的，它就如何反射回来。

因此，对于那些刚进职场的年轻人，很少马上就被委以重任，往往是做些琐碎的工作。但是不要小看它们，更不要敷衍了事，因为人们是通过你的工作来评价你的。如果连小事都做得潦草，别人还怎么敢把大事交给你呢？

从最小的具体行动开始

不屑于平凡小事的人，即使他的理想再壮丽，也只能是一个五彩斑斓的肥皂泡。想要实现凌云壮志，必须脚踏实地，专注于小事。

1962 年 7 月，在美国西北部一个叫本顿维尔的小镇上，一家名为沃尔玛的普通商店开业了，店主是 44 岁的退伍男子沃尔顿。30 多年后的今天，沃尔玛已成为全球最大的商业连锁集团。在 2004 年和 2005 年《财富》500 强排名中，沃尔玛的营业额名列第一。沃尔玛创下了一个商业奇迹。

如果您第一次走入沃尔玛连锁店时，先是被它巨大的面积所震惊，继而为它的便宜价格所打动。同样一件商品，沃尔玛的售价至少会比其他店便宜5%，但是给人印象最深的还是每一个售货员的微笑，那样亲切自然。让人每次去沃尔玛店购物，都能享受一个消费者内心的满足。

其实沃尔玛经营宗旨之一便是"天天平价"。老板沃尔顿常常告诫员工："我们珍视每一美元的价值，我们的存在是为顾客提供价值，这意味着除了提供优质服务外，我们还必须为他们省钱。每当我们为顾客节约了一美元时，那就使自己在竞争中先占了一步。"

为了不愚蠢地浪费一美元，沃尔顿率先垂范。他从不讲排场，外出巡视时总是驾驶着最老式的客货两用车。需要在外面住旅馆时，他总是与其他经理人员住的一样，从不要求住豪华套间。

为了赢得这一美元的价值，沃尔玛实行了全球采购战略，"低价买入，大量进货，廉价卖出"。沃尔玛中国采购总监芮约翰每到一地，都要察看各家商店，认真比较价格，选择合适商品。

价格与服务是沃尔玛赢得竞争的两个轮子。已在中国工作了5年的芮约翰说："你知道我们有一个微笑培训吗？必须露出8颗牙齿才算合格。你试一试，只有把嘴张到露出8颗牙齿的程度，一个人的微笑才能表现得最完美。"这让人不禁想起初识沃尔玛时的印象，原来售货员的微笑都有着如此严格的规定。

做生意自然要追求利润的最大化，而实现最大化的目标则要从最小化的具体行动开始。经营节约一美元与微笑露出8颗牙，抓好每一件这样的小事，企业方能砌就通向成功的阶梯。

其实，很多很多的成功并不神奇，只不过有的人不以其小而坚持做了下去，因为他们从来不会总想着大问题而忽略了小事情。

哈维·麦凯是一家信封公司的老板，有一次，他去拜访一个顾客。那个经理一看他就说，麦凯先生，你不要来了，我们公司绝对不可能和你下信封的订单。因为我们公司的老板和另一个信封公司老板是25年的深交，而且你也不用再来拜访我，因为有43家信封公司的老板曾拜访过我3年，所以我建议你不要浪费你的时间。

麦凯先生并没有因此而放弃努力，他开始关注在这家公司里发生的每件事，哪怕是那些微不足道的小事。有一次，他发现这家公司采购经理的儿子很喜欢打冰上曲棒球，他又知道他儿子崇拜的偶像是洛杉矶一个退休的全世界最伟大的球星，后来发现这个经理的儿子出车祸住在医院。这时麦凯觉得机会来了，他去买了一根曲棒球杆让球星签名送给这个人的儿子。

他来到医院，这个人的儿子问他是谁，他说我是麦凯，我给你送礼物。你为什么给我送礼物？因为我知道你喜欢曲棒球，你也崇拜这个球星，这是一根他亲自签名的曲棒球杆。这个小孩兴奋得脚也不疼了，要下床来。

结果他的父亲来医院发现他的儿子好兴奋，整个人都变了，不像原来那样垂头丧气，面无表情。他问儿子怎么回事，他说刚才有一个叫麦凯的人送了我一根曲棒球杆，还有球星签名。

结果可想而知，这个采购经理和麦凯签了数万美金的订单。

信封是便宜的东西，他竟下了这么大的订单。显然，成功有不同的方法，有不同的思维模式。只要你留意身边的小事，一定会找到解决问题的突破口。世界上没有卖不掉的产品，只有因不注意细节而推销失败的人。仔细一些，多为别人着想一点，成功就离你近一点。

谢尔贝在推销业中的巨大成就，在于他细致入微的服务，更在于他有一套提供最佳服务的正确理念和方法。他曾引用丘吉尔的话说："如果没有风推动船，那么我们就划船吧。"

在海军陆战队服役3年后，谢尔贝一直都从事销售这一行。最初，作为一名新手，他工作积极，饱含热情。谢尔贝回忆说：

"开始在IBM卖打字机时，我在我的汽车挡风玻璃上贴了一个标签，上面写道：'找到客户，征求订货便是我的一切。'当时我通常每天要开车行驶40多英里才到达我负责的推销区。你必须对自己严格要求，你需要去找到更多的客户征求订货。如果这样一直坚持下去，我想一个好的推销员达到10%的成功率是没问题的。"

谢尔贝认为真正重要的是必须了解这样一个事实，那就是：人类是非常敏感的，也都有相同的本质，都有受尊重的欲望。物欲的自我膨胀，却并不与关爱他人相背离。你要让你的客户觉得你关心他们胜于关心自己，热爱他们胜于热爱自己。试着融入别人的生活，站在他人立场去看问题，这就足够了。就像谢尔贝所说的：

"我对于推销这行深感自豪，我喜欢走出去面对我的客户并了解他们的所需所想，我在全国范围内同客户们保持联系，这一切都是我热爱的，只要我继续负责销售，我将始终如一。"

谢尔贝很强调"细节"这一字眼，正是那种自豪感使他在他的工作中去努力追求完美。提到追求完美，这要与谢尔贝的客户联系起来。谢尔贝最承受不起的就是客户的不满，因为他推销的不仅仅是硬件的东西，而更重要的是细致入微的服务。

谢尔贝年轻时，推销的是电子打字机，但他推销的并不仅仅是机器本身；相反，他向客户推销的是该机器的用途。谢尔贝认为，不管推销员推销的是什么产品，如果他在推销产品时将该产品的优点以及它能为客户带来什么样的好处结合起来，那他其实就是在为客户提供真正的细致入微的服务。正如谢尔贝所言：

"正是重视服务才使我们公司获得真正的优势。我想这对任何公司而言都是很重要的。只有生产合适的产品和为客户提供最佳的服务才是任何公司取得成功的保障。"

不管你现在是否正从事推销工作或是想要从事它，相信很多人都很羡慕那些成功的推销员，因为他们有了一个机会无穷、璀璨夺目的有利地位。可是，成功的推销员和获得金牌的运动选手一样，即便再具资质，若不经过正确的训练，没有为客户提供细致入微的服务的宗旨，任何人都无法成为杰出的推销员。

第二章

魔鬼隐藏于细节，
细节决定成败

——成也细节，败也细节

迟到几分钟，丢掉大生意

诚实守信是一种美好的品德，更是做人的基本原则。近年来，诚实守信在社会上的被重视程度逐渐提高。

很多人能够认识到诚实守信的重要性，也希望自己能够成为一个有诚信的人。但不少人认为诚信的原则只有在大事中才能体现，而事实上要做到诚实守信，必须从小事做起。在商业谈判中，有许多人因为不重视"守时"这个做人的原则，结果毁掉了大好的合作机会。

一位朋友向周总推荐一位印刷公司老板。这位老板知道周总的公司在印刷方面需花不少钱，想争取周总的生意。他带来了精美的样本、仔细考虑的价钱建议和热情的许诺。周总有礼貌地坐着，尽管会议还没开始他就决定不把生意交给他，因为他迟到了20分钟才来。准时在取得周总的公司的印刷品生意上是十分关键的。周总公司的产品的印刷资料星期三送到，星期四装订，星期五发送到周总下星期出席的座谈会地点，迟一天就跟迟一年那么糟糕。周总的公司可能要十多位工人在既定的一天来将销售信、小册子和订货单叠好塞进信封，如果印刷品没运到，任何事都将会拖延。所以，当那位印刷公司老板第一次会议就不能准时出席时，周总就推断出不能指望这个印刷公司老板能把他的工作干好。

许多你想打交道的成功人士和有影响力的人士，并没什么"系统"去判断别人和决定买谁的东西，与谁做生意，帮助或信任谁。如果你不是守时者，别人会对你做负面评价。可以说遵守时间是一个有助于打动别人的简单方法。

守时代表了彬彬有礼、温文尔雅的大家风范。有些人总是手忙脚乱地完成工作，他们总是给人急匆匆的印象，就好像他们总是在赶一辆马上就要启动的火车。他们没有掌握适当的做事方法，所以很难会有什么大的成就。学校生活最大的优点之一就是有铃声催你起床，告诉你什么时间该去晨读或者上课，教你养成恪守时间、从不误时的习惯。每个年轻人都应该有一块表，可以随时看时间。事事习惯"差不多"是个坏毛病，从长远来看更是得不偿失。在著名商人阿蒙斯·劳伦斯从事商业生涯的最初7年里，他从不允许任何一张单据到星期天还没有处理。商业界的人士都明白，商业活动中某些重大时刻会决定以后几年的业务发展状况。如果你到银行晚了几个小时，票据就可能被拒收，而你借贷的信用就会荡然无存。

"哦，我多么喜欢那个任何事情都按时完成的年轻人！"布朗先生说，"你很快就会发现，自己可以信赖他，并且很快就会让他来处理越来越重要的事情。"

恪守时间是使人信任的前提，会给人带来好名声。它清楚地表明，我们的生活和工作是按部就班、有条不紊的，使别人可以相信我们能出色地完成手中的事情。恪守时间的人一般都不会失言或违约，都是可靠和值得信赖的。办事一贯准时、恪守时间的好名声，往往是积累成功资本的第一步。有了第一步，成功自然水到渠成。

忽视细节让他屡屡败走大公司

人生一世，无论做人、做事，都要注重细节，从小事做起。由此，我们需要改变心浮气躁、浅尝辄止的毛病，提倡注重细节，把小事做细、做实。

可是，生活中偏偏有不少人总是忽略这些轻微的细节，结果往往栽在这些不起眼的小事上，张先生因为忽视细节致使屡屡败走大公司的事例可以充分说明这一点。

每年金秋10月，都是跳槽的高峰季节之一，而500强外资大公司又乘机把目光锁定在各路精英的身上，同时各路精英也在搜索着自己钟情的大公司。但是，并非每位精英都能如愿以偿。连续向500强外资大公司发起了多次"冲击"的张先生感叹道："从6月到国庆前夕，我先后参加了30家企业的面试，其中仅500强大公司就有TNT、东芝、三星、UPS、玫琳凯等，结果却无一过关。唉！我为何屡屡败走大公司？"

3年前，张先生毕业于某交通大学交通运输专业，到东北某大型国有集团找到一份工作。2年后，来到上海。不久就进了一家合资物流公司，在仓储部门任仓储调度。2004年5月合同到期，已升迁到仓储主管的张先生离开了公司。踌躇满志的他把目光瞄准了500强外资大公司。理想是美好的，可现实是无情的，屡屡碰壁后，他的自信心开始动摇了……

张先生第一次面试的大公司是世界500强、全球4大快递公司之一的荷兰 TNT 的子公司——一家专做汽车配件的汽车物流公司。5 月上旬某日下午 1 点，他去参加面试。他先填写的是中文报名表。在填报具体职位时，他有点犹豫，便在空格中写了两个职位：运输主管和仓储主管。

面试官是两位中国人——一位人力资源部经理和一位物流部经理。自我介绍结束后，物流部经理首先问道："你为什么填两个职位，你到底应聘哪个职位呢？"张先生说："我学的是交通运输，在东北做过运输管理工作；来上海后又做了 1 年仓储管理工作，两个岗位都可以做。"

物流部经理用不太信任的口气说："我们要求有 5 年相关工作经验，你只工作了 3 年，经验不足！你以前做的是快速消费品，我们做的是汽车配件，你的专业经历不行！"尽管他竭力辩解，两位面试官还是不为所动。这次面试就这样流产了。

后来张先生分析其原因觉得面试失败的主要原因虽是专业经历欠缺，但填两个应聘职位这一细节失误也难辞其咎。

8 月下旬，张先生意外接到了东芝一家分公司的通知面试的电话，让他第二天上午 10 点过去面试，也是巧事，韩国三星公司也通知他在这天下午 2 点 30 分参加面试，一天应聘两家 500 强企业，他真是忙得有点晕头转向。此外，他还有点担心，万一他们用日语、韩语面试怎么办？他可从来没学过这些。

在等待面试时，张先生发现公司员工都说上海话，此时，他的心情稍微轻松了一些，毕竟上海话他能听懂一些。但是一踏进小会议室时，张先生马上意识到了对面经理的眼神里有一丝失望——他的穿着太随意，只穿了一件旧的休闲T恤，头上的汗还没有擦干净。

自我介绍完后，她问："你的数据库编程水平怎么样？"他很奇怪：我是做物流或做仓储工作的，会操作就可以了。干吗要会数据库编程呢？于是他如实回答："数据库编程我不太懂行。"面试中，她问了很多令人不愉快的问题，话里话外处处流露着不信任，似乎在审问一个囚犯。这使得张先生很气愤，于是没等她说完张先生就主动提出退出了面试。

面试自然又失败了。张先生反省道："其原因可能就是第一印象不太好。虽然责任在自己，但我心里还是有气；你们主动找上我的，还那么苛刻，还专门问一些令人难堪的问题！"怀着几分气愤的心情，下午他提前10分钟赶到了韩国三星的分公司。前台小姐很客气地将他领进一间会议室。他想这次应该有点戏了吧。会议室里坐着3个人：人力资源部经理、运作部经理和一位会说汉语但明显带着口音，应该是韩国人。三人看起来都很友好和善。

他向他们微笑了一下，便用流利的英语做自我介绍。他的表述很快得到了他们的首肯。接着，韩国人用汉语问了一些问题："来上海几年了？""工作情况怎么样啊？"他都认真地做了回答。

可能是因为这段时间他不断地投简历，不断地参加面试，事前的准备有点松懈了。接到三星的面试通知后，他竟然想不起应聘的是哪个职位。他当然不能问面试官，便婉转地问："我应聘的职位有什么具体要求？"谁知，这些老江湖很快明白了张先生的心思。运作部经理当即问："你难道连这个职位的要求都不知道吗？"张先生慌忙辩解说："不是的，我是想了解清楚以后，便于将来迅速开展工作。"他很快微微地笑了一下:"那是,那是!"接着,他又问了有关海关报关方面的问题。因为与张先生的专业经历不大对口,他的回答就不太理想。他居然边回答边做手势,可能是动作大了点,说着说着,他们突然大笑起来。张先生尴尬地看着他们。这次面试就在他们的欢笑和张先生的尴尬中收场了。

心情低落的张先生回到家里没精打采地打开电脑查信息。不查不知道,一查吓一跳:原来昨天他应聘三星公司的是物流专员!此时,他不觉感到有点羞愧了。原来这次面试失败的原因在于仓促上阵,对自己应聘的职位不了解,一些专业问题事先没准备。

仔细地分析张先生屡屡失败的原因,不难看出他忽略了面试中许多细微的小事。比如说面试前没有做充分的准备,尤其对应聘的职位了解得不太透彻,而且衣着打扮也不太合体,没有充分重视第一印象的作用,而且面试中没有注意言行举止,手舞足蹈,给人一种不注重仪表的感觉……还有一件至关重要的事情,那就是凡事都要有充分准备,切不可不做好准备,匆忙上阵,否则只有像张先生一样落荒而逃。

现在的社会,不再像过去"走一步,算一步"了。做什么事情,都得有准备才行。这好比一个人身体有了病,要到医院治疗,就必须预先经过检查、验血、照 X 光等诊断,然后才能治疗。做事预先计划周全,早做准备,才能事半功倍。如果做事前不做任何准备,临时抱佛脚,要想事情圆满成功,那就难了!

小不忍则乱大谋

　　小谭费了九牛二虎之力进了这家带"中国"字头的大公司。这公司虽说也是上市公司，但国有企业长期积累的一些习气仍在发生作用。这些天小谭他们11楼的锅炉热水器坏了，喝开水要到15楼去打。这样，每天提热水壶上15楼打开水自然成了小谭分内的事，谁让他在办公室资历最浅。这天上午，小谭先到外面办事，11点多回到办公室，回来时大汗淋漓，他揭开热水壶盖一看，里面空空如也。小谭很生气，大声说从明天起轮流打开水，他不能一个人承包。没人响应，于是，第二天早晨上班后他也不打开水了……结果可想而知，当天中午他就被领导叫去训了一通，让他勤快一点……

　　这太不公平了！小谭心里想，觉得自己再也不能这么下去了，于是，他开始琢磨跳槽的事了。

　　应该说，这事对小谭的确不公平，但在现代职场上，永远也不会有绝对公平出现！道理很简单，无论社会进步到什么程度，企业管理如何扁平化，企业内部永远是金字塔结构。既然是金字塔，就必然会有上下之分，既然有上下之分，就必然会有不平等的现象存在。企业作为一台利润压榨机，与追求公平相比，它更喜欢效率。在一个公司内部，如果没有适当的等级制度和淘汰制度，它就会因为自己的"仁义"而失去竞争力，就会在行业竞争中遭到淘汰。因此，在现实生活之中，永远不会出现你想象中的那种公平。

　　这就需要你学会控制自己，学会忍耐，学会去适应身处的这个真实的环境和社会，这是许多成功人士能够超越他人成就大事的一个重要方面。

一个人的发展往往会受到很多因素的影响，这些因素有很多是自己无法把握的，工作不被认同、才能不被重用、职业发展受挫、上司待人不公平、别人总戴有色眼镜看自己……这时，能够拯救自己出泥潭的只有忍耐。比尔·盖茨曾告诫初入社会的年轻人，社会是不公平的，这种不公平遍布于个人发展的每一个阶段。在这一现实面前任何急躁、抱怨都没有益处，只有坦然地接受这一现实并忍受眼前的痛苦，才能扭转这种不公平，使自己的事业有进一步发展的可能。

莎莉·拉斐尔很早就立志于播音事业。但由于当时美国各家无线电台都约定俗成地只聘用男性，所以，当她在各家电台应聘时，都被认为不能胜任这类工作而屡遭拒绝。

后来，她在纽约的一家电台找到一份工作，但不久却以"赶不上时代"为由遭到辞退，结果又失业了。

一天，她向一家广播公司的负责人谈起她的节目构想。"我相信公司会有兴趣的。"那人说。但此后不久那人便离开了公司，她的美梦破灭了。后来，她又找到公司另外两名职员，却被要求主持她最不擅长的政治节目。

但是，她并没有退缩，而是抓住了这次机会，通过自己的勤奋，使她主持的节目一时间成为最受欢迎的节目。

"我遭人辞退18次，本来大有可能被这些遭遇所吓退，做不成我想做的事；结果相反，这鞭策我勇往直前。"拉斐尔自豪地说。

如今，莎莉·拉斐尔已成为著名的自办电视节目主持人。在美

掌控细节

国、加拿大和英国，每天都有 800 万观众收看她的节目。

莎莉靠着坚忍的毅力承受了一次又一次的挫折，她不但没有丧失信心，反而勇敢地面对一切，用积极的心态赢得了最终的成功。

有很多人，遇到挫折后，不是去寻求合适的方法克服困难，而是把一切原因都归结到别人的身上，喜欢迁怒于别人。挫折心理都是由刺激即挫折源引起的。自然逆境引起的挫折没有人为性，而社会逆境和个体自身因素引起的挫折都具有人为性的特点，这样就必然涉及挫折后要如何对待他人的问题。

社会逆境引起的挫折，挫折源都是人为的。对于有意为自己设置障碍的人，受挫折者该如何对待呢？是耿耿于怀，视为永远的敌人，还是宽容大度，化干戈为玉帛呢？应该是后者。因为，迁怒于别人只能给自己的人际交往带来障碍，对排除困难没有任何好处。

一顿奢侈的晚餐吓走了外商

不拘小节常被人看作是大度潇洒的表现：大礼不拘小让，做大事的人哪顾得了那些鸡毛蒜皮的小事？

错矣。知道吗？大事全部是由不起眼的小事组成的，唯有把每件小事做好，才有可能做成大事业。更何况，许多生活社交上的所谓小事也许不会给你带来明显的财富收入，但却是一个人修养素质的全部体现，是一个人潜在的形象及人际资源方面的投资。但是，生活中有许多人并不重视这些诸如像"吃饭"一样的小节，结果毁掉了大好的合作机会。

东北某国有企业与一家美国大公司商谈合作问题，这家企业花了大量工夫做前期准备工作。在一切准备就绪之后，公司邀请美国公司派代表来企业考察。前来考察的美国公司的代表在这家企业领导的陪同下，参观了企业的生产车间、技术中心等一些场所，对中方的设备、技术水平以及工人操作等都表示了相当程度的认可。中方工厂非常高兴，设宴招待美方代表。宴会选在一家十分豪华的大酒楼，有20多位企业中层领导及市政府的官员前来作陪。美方代表以为中方还有其他客人及活动，当知道只为招待他一人之后，感到不可理解。美国代表在回国之后，发来一份传真，拒绝与这家中国企业合作。中方认为企业的各种条件都能满足美方的要求，对代表的招待也热情周到，却莫名其妙地遭到美方拒绝，对此也相当不理解，便发信函询问。美方代表回复说："你们吃一顿饭都如此浪费，要是把大笔的资金投入进去，我们如何能放心呢？"

对于这家东北企业来说，能得到一笔巨额投资对于其未来发展具有重要作用，所以这次合作是一件大事，但这件大事却因为一顿饭的"小节"而毁于一旦。

如果说吃饭是一种"小节"，那么也有人因为重视这种"小节"而赢得了商业上合作的机会，可见细节的威力是无穷的。

一个青年来到城市打工，不久因为工作勤奋，老板将一个小公司交给他打点。他将这个小公司管理得井井有条，业绩直线上升。有一个外商听说之后，想同他洽谈一个合作项目。当谈判结束后，他邀这位也是黑眼睛黄皮肤的外商共进晚餐。晚餐很简单，几个盘子都吃得干干净净，只剩下两个小笼包子。他对服务小姐说，请把这两只包子

　　　　掌控细节

装进食品袋里，我带走。外商当即站起来表示明天就同他签合同。

因将吃剩下的两个小笼包带走这样极其平凡的小事感动了外商，使外商顺利地与他签订了合同，由此我们可以看出"吃饭"这等小事带给人的影响。

上面的例子充分说明了"小节"的重要性，可见小节非小，事事关大。但是生活中，总是有太多的人忽略这些所谓的小节，给自己的事业和人生带来巨大的障碍和麻烦。

不妨再举一件发生在我们周围的真人真事。

国内有家工厂，为了能从美国引进一条生产无菌输液软管的先进流水线，曾做了长期的艰苦努力，终于说服了对方。可是，也就是在签字的那一天，在步入签字现场那一刹那，中方厂长突然咳嗽了一声，一口痰涌了上来，他看看四周，一时没能找到可供吐痰的痰盂，便随口将痰吐在了墙角，并小心翼翼地用鞋底蹭了蹭，那位精细的美国人见此情景不由得皱了皱眉。

显然，这个随地吐痰的小小细节引起了他深深的忧虑：输液软管是专供病人输液用的，必须绝对无菌才能符合标准，可西装革履的中方厂长居然会随地吐痰，想必该厂工人素质不会太高，如此生产出的输液软管，怎么可能绝对无菌！于是美国人当即改弦更张，断然拒绝在合同上签字——中方将近一年的努力也便在转眼间前功尽弃！

随地吐了一口痰结果砸了一笔大生意，这难道不值得三思！

每天我们都置身于不同的场合，作为社交一分子，我们要做的就是让自己的行为与场合和身份相称。但是，偶尔一疏忽就会露出马脚，这个时候你不妨检查一下自己有什么细小的地方不妥当。

曾经有一位朋友说他不会与一家公司的另一位同学合作。于是有人惊讶地问他：大家都是同学，生意上又可互惠互利，为什么呀？他说："这么多年了还是一点长进都没有，我听着他嚼口香糖的声音就想吐。还有我拉他去跟人家谈判，出来后我真为有这样的同学而丢人，他的形体语言太夸张了，时而摇头晃脑，时而拍手大笑，让对方觉着我们跟人家不在一个层面上，怎么做生意啊！"

据人所知，那位同学人不错，也有不少其他优点，但修养、礼仪上的这些小问题竟然给他带来如此大的负面影响真是出乎人的意料。

现在就让我们来看看你的行为，你是否在当众打哈欠？在大庭广众中，你能忍住不打呵欠吗？打呵欠在社交场合中给人的印象是，表现出你不耐烦了，而不是你疲倦。

有些耳痒的人，只要他看见什么可以用，就会随手取一支来掏耳朵，尤其是在餐室，大家正在饮茶、吃东西的当儿，掏耳朵的小动作，往往令旁观者感到恶心，这个小动作实在不雅，而且失礼。有些头皮屑多的人，在社交场合也忍耐不住皮屑刺激的瘙痒而搔起头皮来。搔头皮必然使头皮屑随风纷飞，这不仅难看，而且令旁人大感不快。

宴会席上，谁也免不了会有剔牙的小动作，既然这小动作不能避免，就得注意剔牙的时候不要露出牙齿，更不要把碎屑乱吐一番，这是失礼的事情。假如你需要剔牙，最好用左手掩住嘴，头略向侧偏，吐出碎屑时用手巾接住。

不要以为这些小节不重要，它会严重影响你的社交形象，以至于影响你在他人心中的印象。因此，为了不至于因"小节伤大雅"，因"小节损伤自己形象"，请从此刻起：密切关注生活中这些细微的"小节"，树立良好的形象，多方位地完善自我，最终使自己登上大雅之堂。

荣华鸡为何败走麦城

"魔鬼在细节"，这是美国人讨论一些有影响的成功或失败事件，或谈论立法、政策时使用频率非常高的成语。中国也有类似说法，如"不积跬步，无以至千里"，"一屋不扫，何以扫天下"，"千里之堤，溃于蚁穴"，"见微知著"等。它们强调"细小"的东西可"成大事"，亦可"乱大谋"。

世界建筑大师密斯·凡·德罗在被要求用一句话描述其成功的原因时，他也用"魔鬼在细节"做了回答。在设计大剧院时，他精确地测算了每个座位与音响、舞台间的距离及因此导致的不同听觉、视觉感受，并根据每个座位设计了最合适的摆放方向、大小、倾斜度、螺丝钉位置等。

日本人的精细为其产品赢得了全球极高的美誉度。所以，细节工作在日本人当中是至关重要的。丰田汽车社长认为其公司最为艰巨的工作不是汽车的研发和技术创新，而是生产流程中一根绳索的摆放，要不高不矮、不粗不细、不偏不歪，而且要确保每位技术工人在操作这根绳索时都要无任何偏差。

众所周知的荣华鸡最终败给肯德基的事件就是很典型的例子。

细节能够造就天使，但它也能造就魔鬼。往往更多的是造就魔鬼。

肯德基是美国著名的快餐连锁企业。他自从 1987 年在中国开了首家店以后，发展速度一直很快，到现在几乎是孺叟皆知。

肯德基以其鲜明的特色、优美简洁的环境、按标准化制作的食品、热情周到的服务，吸引了大批国人，尤其是年轻人。

外国餐饮业的"入侵"大大刺激了中国传统的饮食业。一些国内餐饮业也纷纷搞起了连锁，企图抵抗"外敌入侵"，其中上海的荣华鸡就是突出的代表。

20世纪90年代初，上海新亚集团老总去肯德基考察了一番后，自己配了几种调料，做油炸鸡：除了有一个鸡腿，还有国人爱吃的罗宋汤、上海人爱吃的咸菜炒毛豆和一个酸辣菜。

1991年12月28日，荣华鸡快餐公司成立。荣华鸡以适合中国人口味和比较便宜的价格，受到了广大消费者的青睐。开始两年，公司最高日营业额11.9万元，月平均营业额达150万元，两年累计营业额1500万元，职工很快发展到300人。北京、天津、深圳等24个省市纷纷向荣华鸡发出邀请，欢迎荣华鸡安家落户，甚至连捷克、新加坡等国的外商也纷纷邀请荣华鸡去开店。

1994年，荣华鸡在北京开了第一家分店，并扬眉吐气地称："肯德基开到哪儿，我就开到哪儿！"

荣华鸡举起民族大旗对抗肯德基时，生意门庭若市，其中效益最好的黄浦店，一年就有300多万的利润。全国南到江西，北到黑龙江，都有荣华鸡的分店。在某些地段，荣华鸡的生意远远超过了洋鸡，这着实让中式快餐扬眉吐气了一番。可是，好景不长，荣华鸡在与肯德基较量中逐渐地占了下风。2000年，随着荣华鸡在北京安定门的撤出，结束了为期6年的京城生涯。这标志着在与肯德基的较量中的彻底失败。

与此相反的是，肯德基在中国的市场越做越大，并在北京宣布肯德基在中国的连锁店超过 400 家。《亚洲周刊》2000 年 4 月刊登的世界著名调研公司 AC 尼尔森公司在中国 30 个城市所做的一份调查：在顾客"经常惠顾"的国际品牌中，肯德基居第一。据统计，2001 年，肯德基在中国大陆的营业额达 40 亿元人民币，在全世界的营业总额高达 220 亿美元，居所有餐饮业之首。

随后，红高粱也叫板肯德基，并一鼓作气地在 10 个月内红遍了全中国。接着又是，马兰拉面创造了"马兰拉面一拉一片"的壮举。但是，洋式快餐在中国的市场份额却越来越大，中餐对西餐的冲击效果微乎其微。

中国有几千年的美食文化传统，无论是小吃、菜系，还是快餐，都有着上千年的历史。单以鸡为主料的就有：扒鸡、烧鸡、辣子鸡、文昌鸡、白切鸡、手撕鸡、炖土鸡等等，其口味更符合大多数人的消费习惯，但为什么在竞争中"土鸡"对不过"洋鸡"？

曾败走麦城的新亚领导层们经过一番反思发现：竞争优势，产品只是一个表面现象，在产品背后有很多深层的管理方面的东西，肯德基的真正优势在于其产品背后的一套严格的管理制度。

肯德基曾在全球推广"CHAMPS"冠军计划，其内容为：

C	Cleanliness	保持美观整洁的餐厅
H	Hospitdity	提供真诚友善的接待
A	Accuracy	确保准确无误的供应
M	Mainten	维持优良的设备

| P | Product Quality | 坚持高质稳定的产品 |
| S | Speed | 注意快速迅捷的服务 |

"冠军计划"有非常详尽、可操作性极强的细节，保证了肯德基在世界各地每一处餐厅都能严格执行统一规范的操作，从而保证了它的服务质量。

肯德基在进货、制作、服务等所有环节中，每一个环节都有着严格的质量标准，并有着一套严格的规范保证这些标准得到一丝不苟的执行，包括配送系统的效率与质量、每种作料搭配的精确（而不是大概）分量、切青菜与肉菜的先后顺序与刀刃粗细（而不是随心所欲）、烹煮时间的分秒限定（而不是任意更改）、清洁卫生的具体打扫流程与质量评价量化，乃至于点菜、换菜、结账、送客、遇到不同问题的文明规范用语、每日各环节差错检讨与评估等上百道工序都有严格的规定。为了保证员工能够服务到位，肯德基对餐厅的服务员、餐厅经理到公司的管理人员，都要按其工作性质的要求，进行严格培训。例如，餐厅服务员新进公司时，每人平均有200小时的"新员工培训计划"，对加盟店的经理培训更是长达20周时间。餐厅经理人员不但要学习引导入门的分区管理手册，同时还要接受公司的高级知识技能培训。

现代文明赋予快餐的定义是工厂化、规模化、标准化、依托现代化管理的连锁体系。肯德基就是这些要求的产物，而包括荣华鸡在内的中式快餐，还远没有达到这种要求。因为中式快餐的厨师都是手工化操作，食品没办法根据标准进行批量化生产。因为没有标准化，食品的质量难以得到保证，比如肯德基规定它的鸡只能养到七星期，一定要杀，到第八星期虽然肉长得最多，但肉的质量就太老。而包括荣华鸡在内的所有中式快餐，恐怕就没有考虑到，或者即便考虑过也没有细致到这种份儿上。因为没有标准化，卫生状况、服务质量也难以得到保证，例如，当年荣华鸡的店员就曾当着顾客的面在柜台内用苍蝇拍打苍蝇，而盛着炒饭、鸡腿的柜台根本就不加遮盖。这正是荣华鸡在与肯德基的较量中败走麦城的原因。

可见，在现代企业管理之中，绝不能简单地从产品质量和结构来看竞争优势。竞争的优势归根结底是管理的优势，而管理的优势是通过细节来体现出来的。肯德基就是能把这种细节融入其管理标准的一个代表。

荣华鸡败北事件证明了一点：细节确实是一个幽灵，往往在我们不注意的时候，向我们扑来。我们往往最易漠视的就是那些看似简单、琐碎的事情。在从事企业与项目管理时，最普遍、最突出的问题就是简单容易的事做起来总是马马虎虎，漏洞百出。其实反过来看，什么才叫不简单？可以说能够把简单的事情天天做好就是不简单。什么叫不容易？大家公认容易的事情，非常认真地做好它，就是不容易。

"魔鬼就存在于细节之中。"为什么说细节会成为魔鬼的栖身之地呢？因为在企业的日常工作和经营当中，经常会忽略了细节的存在，从而让魔鬼有机可乘。正所谓："成也细节，败也细节！"企业的经营，只有重视细节，并从细节入手，才能取得有效的进展和实质性的突破。

第三章

于无声处听惊雷，
于无色处见繁华

——小细节，大财富

事事留心皆机遇

人生漫漫，机遇常有，但决定我们命运的不是我们的机遇，而是我们对机遇的看法。机遇悄然而降，稍纵即逝。因此，你若稍不留心，她将翩然而去，不管你怎样地扼腕叹息，她却从此杳无音信，一去不复返。因此，有人认为，一些人之所以不能成功，并不是因为没有机遇，并不是幸运之神从不照顾他们，而是因为他们太大意了，他们的大意使他们的眼睛混浊而呆板，因而机遇一次次地从他们眼前溜走而自己却浑然不觉。因此，对于这些人来说，他们要想取得成功，要想捕捉到成功的机遇就必须擦亮自己的双眼，使自己的双眼不要蒙上任何的灰尘。这样，他们才能够在机遇到来的时候伸出自己的双手，从而捕捉到成功的机遇。而那些之所以能够取得成功的人并不是幸运之神偏爱他们，幸运之神对谁都一视同仁，幸运之神不会偏爱任何一个人。成功的人之所以能每每抓住成功的机遇，完全是由于他们在生活中处处都很留心，他们具有一双捕捉机遇的慧眼，当机遇来临的时候，他们就能迅速做出反应，从而把机遇牢牢地抓在自己的手中。

捕捉机遇一定要处处留心，独具慧眼。其实只要你仔细留心身边的每一件小事，这每一件小事当中都可能蕴藏着相当的机会，成功的人绝不会放过每一件小事。他们对什么事情都极其敏感，能够从许多平凡的生活事件中发现很多成功的机遇。

有一次，日本索尼公司名誉董事长井琛大到理发店去理发，他一边理发一边看电视，但由于他躺在理发椅上，所以他看到的电视图像只能是反的。就在这时，他突然灵机一动，心想："如果能制造出反画面的电视机，那么即使躺着也能从镜子里看到正常画面的电视节目。"有了这些想法，他回到索尼公司之后就组织力量研制和生产了反画面的电视机，并把自己研制出来的电视机投放到市场上去销售。果然这种电视机受到了理发店、医院等许多特殊用户的普遍欢迎，因而取得了成功。这则事例给我们的启示就是功夫不负有心人，只要你能够处处留心，那么就有很多的机会在向你招手。

美国第四大家禽公司——珀杜饲养集团公司董事长弗兰克·珀杜，讲述了他成功的经历和童年的一段故事：

珀杜10岁时，父亲给了他50只自己挑选剩下的劣质仔鸡，要他喂养并自负盈亏。在小珀杜的精心照料下，这些蹩脚的鸡日见改观、茁壮成长。不久，产蛋量竟超过了父亲的优质鸡种，每日卖蛋纯收入可得15美元左右，这在大萧条时期可是一笔大钱。开始时，父亲不相信，当他亲眼看见小珀杜把鸡蛋拿出去时才开始相信他。后来珀杜开始帮助父亲管理部分鸡场，事实再一次证明了他的管理和销售能力。他管理的几个鸡场的效益超过了父亲。1984年，父亲终于将他的整个家禽饲养场全部交给珀杜管理。

珀杜之所以能比父亲经营管理得好，是因为他能注意到一些很细小的环节。因为他对事物的仔细观察，使他发现了隐藏在细小事物中的机遇，从而见微知著。

10岁的时候，珀杜对鸡的生活习性一点也不了解。但是他认真观察后发现，当一只鸡笼里的小鸡少了时，小鸡吃得就多，成长得就快，但是太少了又会浪费鸡笼和饲料。于是他就慢慢地寻找最佳结合点，最后总结出每只笼子里养 40 只小鸡是最合理的。注意事物的每一个细节，从中可以发现使人成功的机遇，从而对总体的把握更加准确。抓住了微妙之处，也就把握了荦荦大端。

处处留心皆机遇，要做生活当中的有心人是因为机会往往来得都很突然或者很偶然。因此，只有留心、用心的人才有可能在机会来临的一瞬间捕捉到它。

看准时机，敢于冒险

面对机遇，如果少几分瞻前顾后的犹豫，多几分义无反顾的勇气，说不定会闯出"柳暗花明"来。

19 世纪中叶，美国人在加利福尼亚州发现了金矿，这个消息就像长上了翅膀，很快就吸引了很多的美国人。在通往加利福尼亚州的每一条路上，每天都挤满了去淘金的人。他们风餐露宿，日夜兼程，恨不得马上就赶到那个令人魂牵梦萦的地方。

在这些做着美梦的人流中，有一个叫菲利普·亚默尔的年轻人，他当年才 17 岁，是一个毫不起眼的穷人。

就是这个亚默尔，后来却干出了使人感到很惊奇的事情。到了加利福尼亚州之后，他的"黄金梦"很快就破灭了：各地涌来的人太多了。茫茫大荒原上挤满了采金的人，吃饭喝水都成了大问题。

刚开始的时候，亚默尔也跟其他人一样，整天在烈日下拼命地埋头苦干，每天都是口干舌燥，一般人是无法忍受这种折磨的。

亚默尔很快就意识到，在这里，水和黄金一样贵重。他曾经不止一次地听到有人说："谁给我一碗凉水，我就给他一块金币！"可是很多人都被金灿灿的黄金迷住了，没有人想到去找水。

亚默尔想到了，他很快就下了决心，不再淘金了，弄水来卖给这些淘金的人，赚淘金者的钱。

卖水其实很简单，挖一条水沟，把河里的水引到水池里，然后用细沙过滤，就可以得到清凉可口的水了。他把这些水分装在瓶里，运到工地上去卖给那些口干舌燥的人。那些人一看到水，一下子就拥了过来，纷纷慷慨解囊，拿出自己的辛苦钱来买亚默尔的水解渴。

看到亚默尔的举动，很多淘金者都感到很可笑：这傻小子，千里迢迢跑到这里来，不去挖金子，而干这种玩意儿，没出息！

这本身就是一种大胆的决策，亚默尔自然不会被这些话吓回去，依然天天坚持不懈，一直在工地上卖水。

经过一段时间，很多淘金者的热情减退了，本钱用完了，血本无归，两手空空地离开了加利福尼亚。亚默尔的顾客越来越少，"点水成金"已经成为明日黄花，他也应该走人了。

这时，他已经净赚了6000美元，在那个年代，已经是一个小富翁了。

追求成功的人不害怕犯错，更不会因一时的错误就谴责自己，不原谅自己。因为他们知道，害怕犯错实际上是一个最大的错误，因为它制造了恐惧、疑惑和自卑，这些使他们不能够放开心志，瞅准时机，大胆地去冒险和尝试。

有一次，但维尔地区经济萧条，不少工厂和商店纷纷倒闭，被迫贱价抛售自己堆积如山的存货，价钱低到1美元可以买到100双袜子。

那时，约翰·甘布士还是一家织制厂的小技师。他马上把自己积蓄的钱用于收购低价货物，人们见到他这股傻劲，都公然嘲笑他是个不聪明的人！

约翰·甘布士对别人的嘲笑漠然置之，依旧收购各工厂和商店抛售的货物，并租了很大的货仓来贮货。

妻子劝他说，不要把这些别人廉价抛售的东西购入，因为他们历年积蓄下来的钱数量有限，而且是准备用作子女教养费的。如果此举血本无归，那么后果便不堪设想。

对于妻子忧心忡忡的劝告，甘布士笑过后又安慰她道：

"3个月以后，我们就可以靠这些廉价货物发大财了。"

甘布士的话似乎兑现不了。

过了10多天后，那些工厂即使贱价抛售也找不到买主了，便把所有存货用车运走烧掉，以此稳定市场上的物价。

他太太看到别人已经在焚烧货物，不由得焦急万分，抱怨起甘布士。对于妻子的抱怨，甘布士一言不发。

终于，美国政府采取了紧急行动，稳定了但维尔地区的物价，并且大力支持那里的厂商复业。

这时，但维尔地区因焚烧的货物过多，存货欠缺，物价一天天飞涨。约翰·甘布士马上把自己库存的大量货物抛售出去，一来赚了一大笔钱，二来使市场物价得以稳定，不致暴涨不断。

在他决定抛售货物时，妻子又劝告他暂时不要把货物出售，因为物价还在一天一天飞涨。

他平静地说：

"是抛售的时候了，再拖延一段时间，就会后悔莫及。"

果然，甘布士的存货刚刚售完，物价便跌了下来。妻子对他的远见钦佩不已。

后来，甘布士用这笔赚来的钱开设了5家百货商店，业务也十分发达。

如今，甘布士已是全美举足轻重的商业巨子了。

在这里应当说，冒险精神不是探险行动，但探险家的行动必须拥有足够的冒险精神。所以，郑和下西洋、张骞出使西域、哥伦布发现新大陆、麦哲伦环球航行，都具备人类最伟大的冒险精神。没有这一点，成功与他们无缘。

独具慧眼识商机

现在社会里，把握先机变得越来越重要，经商也是这样。人们常常说，时间就是金钱，经营实践也证明，先机的确是金钱。谁先抓住先机并迅速采取行动，谁就可能成为赢家。

现在的各厂商都极为重视先机，千方百计地收集商业情报，以做到领先别人，知己知彼，百战不殆。有很多原来一文不名的小人物，由于有着鹰一般的眼光，洞察先机而富甲一方的也并不鲜见。

日本就曾有一位著名的企业家古川久好就从报纸中一条普通的小信息敏锐地捕捉到了商机，从而走上致富之路的。

掌控细节

年轻时代的古川久好只是一家公司地位不高的小职员，平时的工作是为上司干一些文书工作，跑跑腿，整理整理报刊材料。工作很是辛苦，薪水也不高，他总琢磨着想个办法赚大钱。

　　有一天，他在经手整理的报纸上发现这样一条介绍美国商店情况的专题报道，其中有段提到了自动售货机。

　　上面写道："现在美国各地都大量采用自动售货机来销售商品，这种售货机不需要人看守，一天24小时可随时供应商品，而且在任何地方都可以营业，它给人们带来了方便。可以预料，随着时代的进步，这种新的售货方法会越来越普及，必将被广大的商业企业所采用，消费者也会很快地接受这种方式。前途一片光明。"

　　古川久好开始在这上面动脑筋，他想：日本现在还没有一家公司经营这个项目，将来也必然会迈入一个自动售货的时代。这项生意对于没有什么本钱的人最合适。我何不趁此机会走到别人前面，经营这项新行业。至于售货机销售的商品，应该是一些新奇的东西。

　　于是，他就向朋友和亲戚借钱购买自动售货机。他筹到了30万日元，当时这一笔钱对于一个小职员来说不是一个小数目。他一共购买了20台售货机，分别将它们设置在酒吧、剧院、车站等一些公共场所，把一些日用百货、饮料、酒类、报纸杂志等放入自动售货机中，开始了他的事业。

　　古川久好的这一举措，果然给他带来了大量的财富。人们头一次见到公共场所的自动售货机，感到很新鲜，只需往里投入硬币，售货机就会自动打开，送出你需要的东西。

　　一般地，一台售货机只放入一类商品，顾客可按照需要从不同的售货机里买到不同的商品，非常方便。

古川久好的自动售货机第一个月就为他赚到了100万日元。他再把每个月赚的钱投资于售货机上，扩大经营的规模。5个月后，古川久好不仅还清了所有借款，还净赚了2000万日元。

古川久好在公共场所设置自动售货机，为顾客提供了方便，受到了欢迎。一些人看这一行很赚钱，也都跃跃欲试。古川久好看在眼里，敏锐地意识到必须马上制造自动售货机。他自己投资成立工厂，研究制造"迷你型自动售货机"。这项产品外观特别娇小可爱，为美化市容平添了不少光彩。

古川久好的自动售货机上市后，市场反响极佳，立即以惊人之势开始畅销。古川久好又因制造自动售货机而赚了很多钱。

无数的事实告诉我们，经商者要有鹰一般的眼光和敏锐的头脑，注重市场或大或小的信息的收集、处理和利用，先于对手做出正确的销售、经营决策，才会使你在复杂激烈的市场竞争中找到立身之地，这应该是每一位成功的企业家必备的素质。

全球知名企业亚马逊的创始人贝索斯30岁时已是某金融公司的副总裁。然而当贝索斯偶然看到"网络用户一年中猛增23倍"这样一条信息后，出人意料地就告别了华尔街，而转创办网上商务。

在网络上先卖什么东西好？贝索斯列出了20多种商品，然后逐项淘汰，精简为书籍和音乐制品，最后他选定了先卖书籍。为什么做出如此唯一的选择？因为贝索斯在分析过程中发现传统出版业有一个根本矛盾：出版商和发行零售商的业务目标相互冲突。出版商需要预先确定某部图书的印数，但图书上市之前，谁也无法准确预

掌控细节

知该书的市场需求量。为了鼓励零售商多订货，出版商一般允许零售商卖不完就退回，零售商既然囤积居奇毫无风险，也往往超量订购。贝索斯一针见血地说："出版商承担了所有的风险，却由零售商来预测市场需求量！"

贝索斯所看到的，其实就是经济活动中无法彻底根除的一种弊病：市场需求与生产之间的脱节。他自信，运用互联网，省略掉商品流通一系列中间环节，顾客直接向生产者下订单，就可以真正做到以销定产。

4年之后，贝索斯创办的亚马逊的市值已经超过400亿美元，拥有450万长期顾客，每月的营业额数亿美元，杰夫·贝索斯也成为全球年轻的超级大富豪。

贝索斯之所以成功，是他独具慧眼，敏锐地认识到网络里有无限商机，接着又发现和利用了别人没有解决的供销方面的矛盾——这是一座大有开发价值的宝山；经过精心筛选，他找到了一个切入点——网上卖书；利用美国的风险基金，经过锲而不舍的努力，他终于走向辉煌。

其实，在社会中闯荡的每一位成功者，他们之所以能够超越常人，捕获商机，就在于他们利用自己丰富的阅历、非凡的智慧、敏锐的眼光，发现和察觉了平凡中的不平凡，寻常中的不寻常。

麦当劳有今天的地位，主要不是由于麦氏兄弟，而是由于一个叫克罗克的推销员。他第一次接触麦当劳，已经52岁了。从世界超大型公司的创始里程来看，他也许是最老的。

克罗克曾回忆说："踏进餐厅的那一刻，我震惊了。我感到，准备多年，我终于找到我潜意识里要寻找的东西。"克罗克凭什么来寻找呢？经验和直觉。在此之前，他已做了 25 年的推销员。

那是 1954 年，在一个中午，克罗克走进了麦当劳餐厅，去推销他的奶昔机。小小的停车场，差不多挤着 150 个人，而麦当劳的服务是快速作业，15 秒就交出客人的食物。

克罗克激动了，来不及思考，经验告诉他，自己要面对一个全新的世界了，在成千上万的地方开麦当劳餐厅。

不过，当与麦当劳兄弟谈判时，克罗克还恋恋不忘他的奶昔机。但他很快抓住了关键细节，奶昔机消失了。

与麦当劳一样，可口可乐也不是阿萨·坎德勒发明的，但正是在他手上，可口可乐才成为风靡世界的王牌饮料。这仅仅是因为，发明可口可乐的彭伯顿只完成了科技创新，却不懂得市场价值，而阿萨·坎德勒懂。

阿萨·坎德勒出生在佐治亚的医生家庭，南北战争打破了他的学习生涯，19 岁的他在一家小药店打工，干了两年半。考虑到前途，他离开小地方，去到亚特兰大。大城市是孕育大成功的土壤。

在给别人打工 7 年之后，阿萨·坎德勒开了一家药材公司，这对可口可乐的发展是极其重要的，因为他由此获得了丰富的商业经验。在后面的叙述中，我们会感受到，这几年独立经营的经验（而不再是打工），对高度专业化的商业能力的形成是多么的重要。通过这几年的经营，阿萨·坎德勒发现，药房的利润不是来自配方，而是出售药材。

阿萨·坎德勒开始着力建设自己的商品体系。在这样的商业背景下，可口可乐出现在他的面前。

1862年，11岁的阿萨·坎德勒从一辆装满东西的货车上掉下来，车轮从头上碾过去，造成头部骨折。可怜的小阿萨·坎德勒虽免于一死，却留下后遗症：偏头痛。于1886年，彭伯顿发明可口可乐，把它作为药物来推广。1888年，阿萨·坎德勒的一个朋友，建议他试试可口可乐。阿萨·坎德勒照办了，头痛果然减轻。后来，他不断饮用可口可乐，偏头痛竟逐渐好转。这使得身为药剂师的阿萨·坎得勒对可口可乐大感兴趣。经过调查，他发现，彭伯顿并不善于经营，于是他决定入股，把这种优良的"药品"推广开来，并且相信有利可图。

关键的一步是，阿萨发现，把可口可乐作为饮料来卖，市场会大得多。就是这个微妙而伟大的灵感，才有了今天的"可口可乐"。但就阿萨本人来说，他终生都相信可口可乐的医疗价值。阿萨入股可口可乐之后，觉得彭伯顿和参与生产、销售可口可乐原浆的人都没有做好工作。他不想部分地接管一项管理不善的事业。要么不干，要么完全控制！阿萨经营的药剂事业在南方最为兴旺发达，从他的有利地位出发，他认为可口可乐可以大展宏图。果然，在阿萨的精心经营策划下，"可口可乐"今天已经成为全球流行的饮料品牌。

细节是开启金库的钥匙

有人说，一等智商经商，二等智商做官，三等智商搞教研。于是，随着改革开放的深入，涌现出了全民经商的热潮。但是，经商的结果却大不一样，有的发财成为大老板，有的却血本无归。什么原因呢？

在现代社会，市场竞争日趋激烈，利润空间逐步缩小，整个经济进入了微利时代。因此，要想立于不败之地，必须善于从细节处发现问题。

1957年，美国在芝加哥举办了一场全国博览会，大名鼎鼎的美国五十七罐头食品公司经理汉斯却忧心忡忡。原来他的层位被分配在全场最僻静的一个角楼上。尽管汉斯多次与筹委会交涉，但筹委会坚持这项安排是集体做出来的，任何人都没权力改变。

汉斯没办法，只好转向全公司职员征求意见，以求改变公司不利的状态。这时，会议室里静悄悄的，连一根针掉在地上都能听得见。突然，一个小小的响声打破了宁静——不知哪位员工袋里的硬币掉到地上了。大家都不约而同地把目光投到了地板上。这时，汉斯的大脑里闪出了一个念头——做一种类似刚才落地的硬币这样的东西招揽参观者。

这时，他没有怪罪那位失态的员工，而是微笑着说："谢谢你投了这枚硬币！我找到了一个扭转乾坤的办法！"

大家都惊愕地看着汉斯。汉斯接着说："刚才，我看到了大家低头观看硬币的眼神，里面都有一种好奇。我们也可以利用一下观光者的这种心态。"

大家听了汉斯的话后纷纷称妙。于是，你一言我一语地讨论开了。最后，大家一致决定在会展中投一种小铜牌。

几天以后，展览会隆重地开幕了。络绎不绝的参观者们可以不时发现一种精致的小铜牌，小铜牌上有一行字："请您凭这块小铜牌到展览会阁楼上的汉斯食品公司陈列处换一件可心的纪念品。"

原来僻静的小阁楼顿时人来人往，欢声笑语不绝。在小阁楼内，汉斯公司集中了最好的罐头食品。这些罐头食品经过了最精心的包装，还有最漂亮的姑娘担任销售员。

在本届博览会上，汉斯出尽了风头。到博览会结束，汉斯获得纯利55万美元。

一个微小的细节，一个个小小的铜牌，为汉斯立下了汗马功劳。

其实，在商业大潮中，某些微小的细节就会带来很大的经济利益。

现在餐巾纸已经成为中国人日常生活中不可缺少的生活必需品了，但30多年前，在人们的生活水平普遍还不高时，即使在日本，使用过即扔的餐巾纸无疑是一种奢侈的消费。当然社会是在进步的，一旦人们的生活达到一定水平，那么使用餐巾纸就不仅不是奢侈，反而是一种必需。社会的进步和企业的发展往往是相连的，日本有一家小企业就是因为恰到好处地把握住了这种社会变化的脉搏，而为企业迎来了发展的春天。

这个小企业是只有几十名工人的田中造纸厂。这个厂的经理田中治助是一个非常注意市场变化的经营者，厂子初创之时，他就在当时造纸行业竞争异常激烈的情况下，针对印刷业发展的需要，开发生产了"美浓型纸"，赢得了用户的赞许和大批订单。

20世纪60年代后期，日本社会开始进入了经济起飞时期，一切都处于巨变之中——包括人们的生活方式。在每个人都为日新月异的变化而惊喜时，田中治助想到的却是这种变化会给自己的企业带来什么。他是个造纸的商人，切入点当然还是在自己的老行当上。他想，经济发展了，人民的生活水平提高了，那么过去仅供少数高收入者使用的餐巾纸必然成为一种大众化的用品，可是当时市场上的餐巾纸却很少。

既然认准了社会发展会带来纸餐巾的普及，田中治助就迅速地行动起来。他果断地用 4000 万日元从德国引进了两台最新式的生产餐巾纸的机器，开始抓紧时间生产这种还未流行的生活用品。

就在他开足马力，生产出大量餐巾纸的时候，日本大阪于 1968 年到 1969 年承办了万国博览会，各大饭店、餐厅都大量需要餐巾纸。再加上日本人民的生活水平已经提高了，他们受这股风潮的影响，也都开始把餐巾纸作为生活的一部分。一时间，日本的餐巾纸供不应求。

此时，田中治助及时推出了自己的"艺术餐巾纸"，由于他先人一步，他的产品很快就占领了大部分的市场，畅销日本全国。不要小看了这一不起眼的餐巾纸，现在田中造纸厂已发展成为田中造纸工业股份有限公司，该公司的主要产品印刷用品和高级餐巾纸在日本市场的占有率分别为 80% 和 50%，年营业额达 13 亿日元。

田中造纸厂能成为日本的"餐巾纸大王"，不是因为别的，正是因为它有一个善于掌握社会生活变化并能从中发现赚钱机遇的当家人。

"机遇偏爱有准备的头脑"这句朴素的格言，包含了深刻的真理。有时候，面对同一个机会，有的人抓住了，有的人却只能眼睁睁地看它溜走。这是因为抓住机会只是一瞬，但是准备的时间却十分长久，而这并不是每一个人都能做到的。

注重小细节，带来大效益

西村金助是一个制造沙漏的小厂商。沙漏是一种古董玩具，它在时钟未发明前是用来测算时间，时钟问世后，沙漏已完成它的历史使命。而西村金助却把它作为一种古董来生产销售。

沙漏作为玩具，趣味性不多，孩子们自然不大喜欢它，因此销量很小。但西村金助找不到其他比较适合的工作，只能继续干他的老本行。沙漏的需求越来越少，西村金助最后只得停产。

一天，西村翻看一本讲赛马的书，书上说："马匹在现代社会里失去了它运输的功能，但是又以高娱乐价值的面目出现。"在这不引人注目的两行字里，西村好像听到了上帝的声音，高兴地跳了起来。他想："赛马骑手用的马匹比运货的马匹值钱。是啊！我应该找出沙漏的新用途！"

就这样，从书中偶得的灵感，使西村金助的精神重新振奋起来，把心思又全都放到他的沙漏上。经过苦苦思索，一个构思浮现在西村的脑海：做个限时 3 分钟的沙漏，在 3 分钟内，沙漏上的沙就会完全落到下面来，把它装在电话机旁，这样打长途电话时就不会超过 3 分钟，电话费就可以有效地控制了。

于是西村金助就开始动手制作。这个东西设计上非常简单，把沙漏的两端嵌上一个精致的小木板，再接上一条铜链，然后用螺丝钉钉在电话机旁就行了。不打电话时还可以作装饰品，看它点点滴滴落下来，虽是微不足道的小玩意儿，也能调剂一下现代人紧张的生活。

担心电话费支出的人很多，西村金助的新沙漏可以有效地控制通话时间，售价又非常便宜。因此一上市，销路就很不错，平均每个月能售出 3 万个。这项创新使沙漏转瞬间成为有益生活的用品，销量成千倍地增加，濒临倒闭的小作坊很快变成一个大企业。西村金助也从一个小企业主摇身一变，成了腰缠亿贯的富豪。

西村金助成功了，而且是轻轻松松，没费多大力气。可是，如果他不是一个关注细节的有心人，即便看了那本赛马的书，也逃不脱破产的厄运，还很可能成为身无分文的穷光蛋。这就给人们一个启示：成功会格外偏爱那些有心人。

这几年，在北京地铁环线的车站里，矗立起了一座座精制的"百万庄园"美食亭。它的问世，不仅吸引了南来北往的乘客，而且还成为上班族经常光顾的"定点餐馆"。虽说地铁的客流量很大，但未必人人都到这里消费。于是，经营者别出心裁地打出了"借伞"的告示，意思是：凡因下雨被困在车站的乘客，"庄园"可免费借其一把伞，只要第二天路过时还上即可。由于此种促销方式颇有人情味，既打出商亭的知名度，又解决了乘客的燃眉之急。以至于使原来不在这里消费，却又受到了"庄园"恩惠的人，变成了这里的常客。

生意场上就是选择，要想吸引顾客，取得成功，就在服务的细节上下功夫，并能不断转变观念，改变经营方式，才能找到与市场的最佳结合点。其实，有不少的企业家都是善于在小细节处抓效益的高手。

现今，商界竞争越来越激烈，一些小企业或者是小公司只有不断运用新奇的点子，在细节上做文章才能在大集团、大公司的夹缝里寻求生存的机遇，顺应发展，获得成功。

一个小细节的创新，就可以让企业在激烈的竞争中胜出，这一点无论对于任何企业都是适用的。

谁要认识不到细节的重要性，不把细节个性化当作个人品牌的核心，就很难创造出真正与众不同的品牌，获得更大的成功。这是因为，细节创造了一种现实，它能做到与众不同，从大众产品中推出一些独特的、珍贵的和令人渴望的东西。

小智慧带来大财富

只有少许资本或完全没有资本的人要想致富，只能依靠自己的智慧。

很久以前，一个人寿保险公司年轻的销售员，由于无法说服某一家客户投保，心情烦躁。但不久他从烦恼中获得灵感，那就是向企业经营者建议，不直接以个人为投保对象，转而以企业为对象。如果以企业为投保对象，必会因为经营方式的改变，赚取比保险费高几倍的利润。

他决定把这个想法付诸行动，立即着手以不同的方式推销。他所选择的第一个客户，是市内最有代表性的餐厅。他对餐厅老板说："贵餐厅的料理非常符合标准，客人也吃得放心。我建议你不妨大力宣传，强调在这家餐厅吃饭可以免除疾病，增强健康。"

老板听了以后说："确实是这样，今后我还准备多推出几道健康料理。"

"太好了。"推销员说，然后就说明了他的想法。初步讨论下来，他们拟定了一种特殊风格的保险菜单，对经常光顾这家餐厅的人，以每人保 1000 美元的寿险作为服务。餐厅老板兴趣浓厚，两人又着手商量有关细节。

保险菜单推出后不久，餐厅的生意果然越来越兴隆，那个做寿险的年轻人自然也有了不少的收益。后来他把这主意又推广到加油站和超市。

才能是什么？它就是一个人的实力。一个人真正有了雄厚的实力与才能，总是可以抓住机遇的，即使错过今天的机遇，还有明天的机遇。这就叫"肚里有货，心中不慌"。

中国的一个成语"毛遂自荐"大家应该耳熟能详。毛遂做了很久的一般食客，终于抓住出使的机遇一举成功，还在于自己本来有才能，换个才能不足的人，即使让他出使，他能当机立断做出威逼他国之君的事吗？这种判断力，这种胆力，才是毛遂成功的主要原因，机遇只是给他提供了一个表演的舞台而已。可以说机遇的基础是实力，没有实力等于是没有机遇。

知识发财，智慧创富，其根本在于聪明的头脑，在于善于发现机会，并能迅速通过自己的行为将其转化为财富。

眼下新经济风起云涌，靠头脑创富也是"八仙过海，各显神通"，但其共同点是：充分开动大脑机器，靠智慧谋财。

其实，商机处处在，就看你是否具有睿智的头脑和敏锐的眼光，能否发现它。鲍名利，一个从传统行业中崛起的百万富豪，其事业的几起几落充分说明了这个问题。

大学毕业后的鲍名利，分配到了吉林省商业厅下属的一家公司。他不甘心工薪族平淡的生活，一年后便下了海。他的第一项事业便是和朋友合开比较前卫的"香港欧美时装廊"，这在长春属于独家新潮时装，还不太容易被当时保守的人接受。鲍名利却认准了年轻人逐渐走向开放的时代大背景，相信这一经营定有市场。果不其然，引进港台等地的新潮时装受到年青一代的欢迎，获得了丰厚的利润。然而两个合伙人却因性格不合分了手。

但这并没有影响鲍名利积极的创业心。1993年初，退出时装业的鲍名利又勇敢地接任中外合资希尔康食品公司的市场部经理。别人一年没有打开的市场，他只用半年时间便使希尔康果茶打入千余家宾馆、酒店、批发商、经销商争先进货。然而，不安分的鲍名利一直想干一番真正属于自己的事业。他看中了刚刚打入市场还不被行家看好的速冻食品，并毅然辞职做了台湾怡尔香面食的吉林省总代理。

现代社会加快了人们的生活节奏，速冻食品的出现既为人们节省了宝贵的时间，更为人们增添了新口味。经过一番精心的策划和宣传，速冻食品很快打开了销路，鲍名利为此连开了4家连锁店，并在百货大楼、红旗商城等处设有冷冻专柜，生意一时火爆空前。

但他毕竟是初涉商海，明显的经验不足，他忽略了重要一点，速冻食品也有淡旺季之分。每年的4月到10月正是淡季，由于战线拉得太长，价格不菲的柜台费和庞大的员工开支令他力不从心。到1995年6月末，已经亏了数万元。他不得不宣布这次经营的失败。

痛定思痛，鲍名利开始反思自己。敢干别人没干过的，闯新路可以抢占先机，但在经营上一定要得体，否则也会一败涂地。

1995 年 8 月，鲍名利从朋友处借来 1 万元，与丹东一家中法合资的百叶窗帘厂联营，建立吉林省首家百叶窗帘厂。这是一个别人从未涉足的项目，却是鲍名利经过认真考察才做出的选择。为此，他花了 20 多天的时间，跑遍了长春市的装潢建筑公司和装饰材料公司。发现都没有这种新型窗帘，而从大连、丹东等地装修趋势看，这是一项正在走向热门的行业。

为使人们能够接受这一装饰行业，鲍名利在宣传上大做文章，他印了大量宣传单，并到建筑工地及机关、学校等企事业单位散发。他在郊区租了一间民房，亲自送样品，既当经理，又当业务员、送货员。虽然很辛苦，但他相信自己的眼光不会错。

为了使宣传更有形象性，他巧妙地抓住了一个电视效应。当时，吉林电视台正在播放电视连续剧《中方雇员》，画面里不断出现百叶窗帘的镜头。于是，在新的宣传单里，他加进了"《中方雇员》告诉您，百叶窗帘是您无悔的选择"等宣传内容，借用电视，人们更生动、直观地了解了百叶窗。

就在这一系列狂轰滥炸的宣传之下，鲍名利开始收获劳作的喜悦。也就是在 1995 年末，他接到了长春光机学院 300 平方米的窗帘安装业务。随后，市财政局、省电力局、市铁路建行等单位纷纷找上门来，业务越做越多，知名度越来越大。

1996 年 3 月，鲍名利终于拥有了自己的公司——兰星工贸有限责任公司。在鲍名利的带动下，许多装潢公司和他的同学、朋友也都做起百叶窗帘业务。大家都挤一个市场，已难赚得太大的利润。这时鲍名利开始搜寻新的项目。

经过精心调查，他发现了浴室洁具翻新项目。在许多大中城市，遍布着宾馆、酒店、度假村、疗养院等重要消费和休闲场所，这些场所的浴室在使用 3～5 年后便需要对其卫生洁具及台面的石材进行更换或翻新再造。

　　可是，宾馆要拆换一只新浴缸，最低的费用也要在 400 元左右。而翻新只需一半的价钱就够了。再说，更换时很少有人接一只浴缸的活，大批量同时更换肯定会影响宾馆的生意，翻新则不用大费周折，可以一只一只的翻新，这无形中又为宾馆省下了一笔不小的费用。另外，我国城市居民浴室的装配也日趋高档，这更为浴室的翻新提供了更大的空间。

　　但是，这是一项极具风险的项目，仅一项德国进口工艺设备就需 2 万多元，技术费、资料费还需更多。然而鲍名利认准了这个项目的市场，不惜花费几万元买这项 SRS 翻新工艺技术。该工艺采用珐琅原料，经过表面瓷再造、表层釉面再造、光面加强等工艺流程，使旧浴缸在 24 小时内焕然一新并可投入使用。于是鲍名利没有犹豫，而是大胆地着手自己的计划。

　　可以说，鲍名利完全是一位靠头脑致富的百万富豪，正是有着敏锐的致富头脑，他从传统产业中崛起。像这样的例子，在我们身边还有很多，总结其中的规律就是：头脑是创富之源。

　　其实，对于任何一位身经百战的企业家，要想在商场上独领风骚，成为成功人士，最不能缺少的就是他的智慧和精明的头脑。

第四章

大礼不辞小让，
大行也顾细谨

——分寸做人，尺度做事

握手的小事并不简单

据说握手礼最早来自欧洲，当时是为了表示友好，手中没有武器的意思。但现在已成为被普遍采用的世界性"见面礼"。

握手是人们日常交际的基本礼仪，从握手可以体现一个人的情感和意向，显示一个人的虚伪或真诚。握手在人际交往中如此重要，可有人往往做得并不太好。

艾丽是个热情而敏感的女士，目前在中国某著名房地产公司任副总裁。那一日，她接待了来访的建筑材料公司主管销售的韦经理。韦经理被秘书领进了艾丽的办公室，秘书对艾丽说："艾总，这是××公司的韦经理。"

艾丽离开办公桌，面带笑容，走向韦经理。韦经理先伸出手来，和艾丽握了手。艾丽客气地对他说："很高兴你来为我们公司介绍这些产品。这样吧，让我看一看这些材料，我再和你联系。"韦经理在几分钟内就被艾丽送出了办公室。几天内，韦经理多次打电话，但得到的是秘书的回答："艾总不在。"

到底是什么让艾丽这么反感一个只说了两句话的人呢？艾丽在一次讨论形象的课上提到这件事，余气未消说："首次见面，他留给我的印象不但是不懂基本的商业礼仪，他还没有绅士风度。他是一个男人，位置又低于我，怎么能像个王子一样伸出高贵的手让我来握呢？他伸给我的手不但看起来毫无生机，握起来更像一条死鱼，冰冷、松软、毫无热情。当我握他的手时，他的手掌也没有任何反应，好像在他看来我的选择只有感恩戴德地握住他的手，只差要跪吻他的高贵之手了。握手的这几秒，他就留给我一个极坏的印象，他的心可能和他的手一样地冰冷。他的手没有让我感到对我的尊重，他对我们的会面也并不重视。作为一个公司的销售经理，居然不懂得基本的握手方式，他显然不是那种经过高度职业训练的人。而公司能够雇用这样素质的人做销售经理，可见公司管理人员的基本素质和层次也不会高。这种素质低下的人组成的管理阶层，怎么会严格遵守商业道德，提供优质、价格合理的建筑材料？我们这样大的房地产公司，怎么能够与这样作坊式的小公司合作？怎么会让他们为我们提供建材呢？"

握手是陌生人之间第一次的身体接触，只有几秒的时间。但是正是这短短的几秒，它如此之关键，立刻决定了别人对你的喜欢程度。握手的方式、用力的轻重、手掌的湿度等，像哑剧一样无声地向对方描述你的性格、可信程度、心理状态。握手的质量表现了你对别人的态度是热情还是冷淡，积极还是消极，是尊重别人、诚恳相待，还是居高临下、屈尊地敷衍了事。一个积极的、有力度的、正确的握手，表达了你友好的态度和可信度，也表现了你对别人的重视和尊重。一个无力的、漫不经心的、错误的握手方式，立刻传送出了不利于你的信息，让你无法用语言来弥补，它在对方的心里留下了对你非常不利的第一印象。有时也会像上面的那位销售经理，会失去极好的商业机会。因此，握手在商业社会里几乎意味着经济效益。

那么，哪些场合我们需要握手，握手的细节又有哪些呢？

1. 应当握手的场合

（1）遇到较长时间没见面的熟人。

掌控细节

（2）在比较正式的场合和认识的人道别。

（3）在以本人作为东道主的社交场合，迎接或送别来访者时。

（4）拜访他人后，在辞行的时候。

（5）被介绍给不认识的人时。

（6）在社交场合，偶然遇上亲朋故旧或上司的时候。

（7）别人给予你一定的支持、鼓励或帮助时。

（8）表示感谢、恭喜、祝贺时。

（9）对别人表示理解、支持、肯定时。

（10）得知别人患病、失恋、失业、降职或遭受其他挫折时。

（11）向别人赠送礼品或颁发奖品时。

2. 握手的具体要求

（1）握手姿态要正确。行握手礼时，通常距离受礼者约一步，两足立正，上身稍向前倾，伸出右手，四指并齐，拇指张开与对方相握，微微抖动三四次，然后与对方的手松开，恢复原状。与关系亲近者，握手时可稍加力度和抖动次数，甚至双手交叉热烈相握。

（2）握手必须用右手。如果恰好你当时正在做事，或手很脏很湿，应向对方说明，摊开手表示歉意或立即洗干净手，与对方热情相握。如果戴着手套，则应取下后再与对方相握，否则都是不礼貌的。

（3）握手要讲究先后次序。一般情况下，由年长的先向年轻的伸手，身份地位高的先向身份地位低的伸手，女士先向男士伸手，老师先向学生伸手。如果两对夫妻见面，先是女性相互致意，然后男性分别向对方的妻子致意，最后才是男性互相致意。拜访时，一般是主人先伸手，表示欢迎；告别时，应由客人先伸手，以表示感谢，并请主人留步。不应先伸手的就不要先伸手，见面时可先行问候致意，等对方伸手后再与之相握，否则是不礼貌的。许多人同时握手时，要顺其自然，最好不要交叉握手。

（4）握手要热情。握手时双目要注视着对方的眼睛，微笑致意，切忌漫不经心、东张西望，边握手边看其他人或物，或者对方早已把手伸过来，而你却迟迟不伸手相握，这都是冷淡、傲慢、极不礼貌的表现。

（5）握手要注意力度。握手时，既不能有气无力，也不能握得太紧，甚至握痛了对方的手。握得太轻，或只触到对方的手指尖，不握住整只手，对方会觉得你傲慢或缺乏诚意；握得太紧，对方则会感到你热情过火，不善于掩饰内心的喜悦，或觉得你粗鲁、轻佻而不庄重。这一切都是失礼的表现。

（6）握手应注意时间。握手时，既不宜轻轻一碰就放下，也不要久久握住不放。一般来说，表示完欢迎或告辞致意的话以后，就应放下。

另外还要注意，不要一只脚站在门外，一只脚站在门内握手，也不要连蹦带跳地握手或边握手边敲肩拍背，更不要有其他轻浮不雅的举动。

与贵宾或与老人握手时除了要遵守上述要求之外，还应当注意以下几点：当贵宾或老人伸出手来时，你应快步向前，用双手握住对方的手，身体微微前倾，以表示尊敬。

与上级或下级握手除遵守一般要求外，还应注意：上下级见面，一般应由上级先伸手，下级方可与之相握。如果上级不止一人，握手顺序应由职位高的到职位低的，如职位相当则可按一般的习惯顺序，也可由一人介绍，你一一与之握手。不论与上级还是下级握手，都应热情大方，不亢不卑，礼貌待人。下级与上级握手时，身体可以微欠，或快步向前用双手握住对方的手，以表示尊敬。上级与下级握手时，应热情诚恳，面带笑容，注视对方的眼睛，不能漫不经心、敷衍了事，也不能冷漠无情、架子十足，更不能在与下级握手后立即用手帕擦手，否则就是不得体或无礼的。

3. 握手的禁忌

我们在行握手礼时应努力做到合乎规范，避免触犯下述失礼的禁忌。

（1）不要用左手相握。

（2）不要在握手时戴着手套或墨镜，只有女士在社交场合戴着薄纱手套握手，才是被允许的。

（3）不要在握手时另外一只手插在衣袋里或拿着东西。

（4）不要在握手时面无表情、不置一词或长篇大论、点头哈腰、过分客套。

（5）不要在握手时仅仅握住对方的手指尖，好像有意与对方保持距离。正确的做法，是握住整个手掌，即使对异性也应这样。

（6）不要在握手时把对方的手拉过来、推过去，或者上下左右抖个没完。

（7）不要拒绝握手，如果有手疾或汗湿、弄脏了，应和对方说一下"对不起，我的手现在不方便"，以免造成不必要的误会。

不懂自我介绍，会失去展示自我的机会

介绍是人与人进行相互沟通的出发点，最突出的作用，就是拉近人与人之间的距离。在社交或商务场合，如能正确地利用自我介绍，不仅可以扩大自己的交际圈，广交朋友，而且有助于进行必要的自我展示、自我宣传，并且替自己在人际交往中消除误会，减少麻烦。

想象一下你正在被介绍给某人，你们都说了自己的名字，接着又说了些诸如："很高兴认识你。"然后呢？你该说些什么？你觉得和这位新认识的人待在一起很尴尬，只好绞尽脑汁搜刮下一个话题。

你可以设计一个清楚新鲜的自我介绍，让以后的对话更顺利。在镜子前对自己说几遍，直到自己感觉很好。向对方提供一些关于你自己的信息，可以让对话顺利进行。比如，你可以说：

"你好，我是 ABC 公司的会计卡罗尔·琼斯，我帮人们管钱，还帮他们省钱。"

"你好，我是汤姆·马丁，我在 XYZ 公司任职帮助小公司设计电脑软件。"

于是汤姆开始问卡罗尔关于会计、ABC 公司以及如何理财等方面的事项，而卡罗尔也准备问问 XYZ 公司的事情，还有软件设计等。看，你的自我介绍引出了一段有意思的谈话。

其实，在日常生活中关于自我介绍的学问很大，大致包括自我介绍的时机、类型，以及注意事项等。

1. 自我介绍的时机

应当何时进行自我介绍？这个问题比较复杂，它涉及时间、地点、当事人、旁观者、现场气氛等多种因素。不过一般认为，在下述时机，如有可能，有必要进行适当的自我介绍。

（1）在社交场合，与不相识者相处时。

（2）在社交场合，有不相识者表现出对自己感兴趣时。

（3）在社交场合，有不相识者请求自己做自我介绍时。

（4）在公共聚会上，与身边的陌生人共处时。

（5）在公共聚会上，打算介入陌生人组成的交际圈时。

（6）有求于人，而对方对自己不甚了解，或一无所知时。

（7）交往对象因为健忘而记不清自己，或担心这种情况有可能出现时。

（8）在出差、旅行途中，与他人不期而遇，并且有必要与之建立临时接触时。

（9）初次前往他人居所、办公室，进行登门拜访时。

（10）拜访熟人遇到不相识者挡驾，或是对方不在，而需要请不相识者代为转告时。

（11）初次利用大众传媒，如报纸、杂志、广播、电视、电影、标语、传单，向社会公众进行自我推介、自我宣传时。

（12）利用社交媒介，如信函、电话、电报、传真、电子信函，与其他不相识者进行联络时。

（13）前往陌生单位，进行业务联系时。

（14）因业务需要，在公共场合进行业务推广时。

（15）应聘求职时。

（16）应试求学时。

凡此种种，又可以归纳为3种情况：一是本人希望结识他人；二是他人希望结识本人；三是本人认为有必要令他人了解或认识本人。

2. 自我介绍的类型

（1）应酬式。在某些公共场合和一般性的社交场合，如旅行途中、宴会厅里、舞场之上、通电话时，都可以使用应酬式的自我介绍。

应酬式介绍的对象是进行一般接触的交往对象，或者属于泛泛之交，或者早已熟悉，进行自我介绍，只不过是为了确定身份或打招呼而已。所以，此种介绍要简洁精练，一般只介绍姓名就可以。例如：

"您好，我叫周琼。"

"我是陆曼。"

（2）交流式。有时，在社交活动中，我们希望某个人认识自己，了解自己，并与自己建立联系时，就可以运用交流式的介绍方法，与心仪的对象进行初步的交流和进一步的沟通。

交流式的自我介绍比较随意，可以包括介绍者的姓名、工作、籍贯、学历、兴趣以及与交往对象的某些熟人的关系，可以不着痕迹地面面俱到，也可以故意有所隐瞒，造成某种神秘感，激发对方与你进行进一步沟通的兴趣。俗话说的"套瓷"就属于此类，而时下网络上的"浪漫邂逅"更是典型代表。例如：

"你好，我是玉蝴蝶，因为我特别喜欢谢霆锋。"

"玉蝴蝶？是谢霆锋演出的专称吧。我更喜欢周杰伦。"

"哦，你在哪里，你也喜欢通宵上网吗？"

"我在长沙，刚刚失恋了，所以通宵上网。"

（3）礼仪式。在一些正规而隆重的场合，比如讲座、报告、演出、庆典、仪式等一些正规而隆重的场合，要运用礼仪式的自我介绍，以表示对介绍对象的友好和敬意。

礼仪式的自我介绍，要包含自己的姓名、单位、职务等项，还要多加入一些适宜的谦辞敬语，以符合这些场合的特殊需要，营造谦和有礼的交际气氛。例如：

"各位听众，大家好！我是郑阳，您的老朋友。现在，我将为大家献上一场丰盛美味的音乐大餐，感谢所有听众对'校园民谣'一如既往的支持和关爱。"

（4）工作式。工作式的自我介绍，主要适用于工作之中。它是以工作作为自我介绍的中心，因工作而交际，因工作而交友。有的时候，它也叫公务式的自我介绍。

工作式的自我介绍的内容，应当包括本人姓名、供职的单位及其部门、担负的职务或从事的具体工作等三项，它们叫作工作式自我介绍内容的三要素，通常缺一不可。其中，第一项姓名，应当一口报出，不可有姓无名，或有名无姓。第二项供职的单位及其部门，有可能最好全部报出，具体工作部门有时也可以暂不报出。第三项担负的职务或从事的具体工作，有职务最好报出职务，职务较低或者无职务，则可报出目前所从事的具体工作。例如：

"你好！我叫张奕希，是××办事处的交际处处长。"

"我叫傅冬梅，现在在××大学国际政治系教外交学。"

（5）问答式。问答式的自我介绍，一般适用于应试、应聘和公务交往。在普通交际应酬场合，它也时有所见。

问答式的自我介绍的内容，讲究问什么答什么，有问必答。例如：

某甲问："这位小姐，你好！不知你应该怎么称呼？"某乙答："先生您好！我叫王雪时。"

主考官问："请介绍一下你的基本情况。"应聘者答："各位好！我叫张军，现年28岁，陕西西安人，汉族，共产党员，已婚，1995年毕业于西安交通大学船舶工程系，获工学学士学位，现在北京市首钢船务公司任助理工程师，已工作3年。其间，曾去阿根廷工作1年。本人除精通专业外，还掌握英语、日语，懂电脑，会驾驶汽车和船只。曾在国内正式刊物上发表过6篇论文，并拥有一项技术专利。"

3. 自我介绍的注意事项

（1）无论是哪一种自我介绍，都必须注意把握好分寸。首先需要注意自我介绍的时机。进行自我介绍应当选择适当的时间，如对方空闲的时候、对方兴致正浓时、对方对你感兴趣时、对方主动提出要求时。如果时间不合适，如对方正在忙碌、缺乏兴趣、心情不佳等时就应该避免进行自我介绍。其次，应该注意控制自我陈述的时间长度。原则上是在把必须让对方了解的有关自己的信息介绍清楚的前提下，时间越短越好。因此，这就要求介绍的内容必须具有值得告诉对方的必要性，同时要求介绍者语言精练，谈话条理清晰。一般应该把时间控制在一分钟之内。切忌滔滔不绝、废话连篇。

（2）自我介绍还应该注意态度。必须友善、自然、亲切、随和。应该落落大方，既不要畏手畏脚，也不要虚张声势，应该表现得充满

掌控细节

自信，千万不要妄自菲薄，心怀胆怯。语气要自然，语速要正常，语音要清晰；切忌语气生硬、语速过快或过慢、语音含糊不清，否则对方会需要你介绍第二遍。进行自我介绍时所表述的内容，一定要实事求是。没有必要过分谦虚，一味贬低自己讨好别人；也不能自吹自擂，故弄玄虚，企图借夸大自己来赢得别人的好感。

其实，在人际交往中，无论怎样的场合中的自我介绍，真实、坦诚都是第一位的。只要你能把握好这一点，再适当运用自我介绍的技巧，相信你一定能顺利完成交际中的第一关，为日后进一步交往打好基础。

与人交往注重仪容

许先生一直在寻找合作伙伴。经人介绍，他与赵总首次相会。被引进赵总的办公室，看见一个中年男人坐在办公桌后打电话。他穿着灰棕色、人造纤维的格子西服，一条花亮的领带露在他 V 形口的毛衣外面，鼻子里的黑毛像茂盛的亚热带草丛，毫无顾忌地伸出鼻孔，他张口讲话时，一口黑黄的牙齿暴露无遗。电话中，他大声地训斥着对方，然后，毫不客气地猛然摔下电话。

"噢！上帝啊，这就是公司的老总？"许先生心中不免非常失望。赵总与许先生象征性地握了握手。"冷酷的、拒人千里之外的死鱼式的握手。"许先生心中的失望又增加了一分。赵总邀请许先生共进午餐，在座的还有许先生的那位身材略胖的同事以及赵总的两位副手。就餐时话题无意间进入饮食与肥胖的关系，赵总旁若无人地指责胖人没有节制的饮食。许先生的胖同事低头不语，敏感的许先生举杯转移话题："好酒，中国的红酒比加拿大的冰酒还有味道。"赵总喝完了酒，再度拾起肥胖的话题，强烈地攻击胖人之所以胖是由于懒惰。

最终，他们之间没有结成商业同盟。许先生谈到这段经历时说："他留给我一个永不可磨灭的可怕的恶劣印象。从我一进门的瞬间，他那张冷酷不带微笑的脸和那双死鱼般的手，无不在告诉我这是一个冷酷的、没有修养的人。在餐桌上的表现，更进一步证明了我对他的第一印象。他不但没有修养，简直是没有教养，不懂得一点点为人的基本礼貌。我无法想象与这种人合作经营会有什么样的后果！我更无法理解他为什么可以坐在公司老总的位置上？他早就应该在大浪淘沙中被时代淘汰。"

在竞争日益激烈的今天，形象对一个人的作用是万万不能忽视的。形象创造价值、形象决定命运的说法绝不是夸大之词，而仪容往往是人的形象的第一要素。

仪容，通常是指人的外观、外貌。其中的重点，则是指人的容貌。在人际交往中，每个人的仪容都会引起交往对象的特别关注，并将影响对方对自己的整体评价。在个人的仪表问题上，仪容是重点之中的重点。

社交礼仪对个人仪容的首要要求是仪容美。它的具体含义主要有三层：

首先要求仪容自然美。它是指仪容的先天条件好，天生丽质。尽管以相貌取人不合情理，但先天美好的仪容相貌，无疑会令人赏心悦目，感觉愉快。

掌控细节

其次要求仪容修饰美。它是指依照规范与个人条件，对仪容进行必要的修饰，扬其长，避其短，设计、塑造出美好的个人形象，在人际交往中尽量令自己显得有备而来，自尊自爱。

最后要求仪容内在美。它是指通过努力学习，不断提高个人的文化、艺术素养和思想、道德水准，培养出自己高雅的气质与美好的心灵，使自己秀外慧中，表里如一。

真正意义上的仪容美，应当是上述三个方面的高度统一。忽略其中任何一个方面，都会使仪容美失之偏颇。

在这三者之中，仪容的内在美是最高的境界，仪容的自然美是人们的心愿，而仪容的修饰美则是仪容礼仪关注的重点。

要做到仪容修饰美，自然要注意修饰仪容。修饰仪容的基本规则，是美观、整洁、卫生、得体。

个人修饰仪容时，应当引起注意的，通常有头发、面容、手臂、腿部、化妆等5个方面。

1. 头发

人们观察别人时，总是从头部开始。

修饰头发，要做到勤于梳洗、长短适中，并且在发型得体的基础上，采取适当的美发技巧。

现代社会，提倡个性解放，而头发往往是彰显个性的急先锋。我们要根据自己的发质、脸形、年龄、着装等个人条件对发型进行选择，并使发型符合自己的职业和所处场所。但在这一基础上，我们可以烫发、染发，还可以做发雕，甚至利用假发，以美化仪容，并在人群中显示出自己的独特个性。

2. 面容

仪容在很大程度上指的就是人的面容，由此可见，面容修饰在仪容修饰之中举足轻重。

修饰面容，首先要做到面必洁，即要勤于洗脸，使之干净清爽，无汗渍、无油污、无泪痕，无其他任何不洁之物。

修饰面容，要具体到眼、耳、鼻、口、脖等各个部位。在卫生清洁的基础上，进行适当的修饰和护理。比如，要清除和修剪耳毛、鼻毛等有碍观瞻的体毛；要保持牙齿洁白，更要避免口臭或口腔有其他异味，令对方避之不及；要注意脖后、耳后等藏污纳垢的部位，以免影响整体的良好形象。

3. 手臂

手臂是人际交往之中身体上使用最多、动作最多的一个部分，而且其动作往往被附加了各种各样的含义。因此，手臂被称为社交中的"身体名片"，发挥着比纸名片更重要的社交作用。

修饰手臂，要注意到手掌、肩臂和汗毛等细节问题。手掌是"制作"各种手段的关键部位，所以，一定要保持清洁干燥，健康温暖，更要时常注意指甲的修剪和美容，以免在靠近或接触别人时引发别人的反感和不快。另外，最应注意的是汗毛，特别是女性，若手臂上汗毛过多、过浓，会直接影响自身的美感，最好采用适当的方法进行脱毛处理。而令腋毛外露，则更是社交中个人形象的大败笔，必须杜绝。

4. 腿部

俗话说："远看头，近看脚，不远不近看中腰。"腿部在较近距离常是人们注目所在。

修饰腿部，应当注意的问题同样有三个，即脚部、腿部和汗毛。

一般而言，男人的腿部和脚部是不能在正式社交场合暴露的。而对于女性，则稍为宽容一些，可以穿镂空鞋、无跟鞋暴露脚部，也可以穿短裤暴露腿部，但在庄严、肃穆的场合，这也应避免。

脚部和袜子的卫生清洁也是腿部仪容的一大要点。有异味的脚和袜子，过长或肮脏的脚指甲，拉丝甚至有洞的袜子，都是你的社交形象的宣判死亡书。

5. 化妆

化妆是修饰仪容的一种高级方法，它是指采用化妆品按一定技法对自己进行修饰、装扮，以便使自己容貌变得更加靓丽。

在人际交往中，进行适当的化妆是必要的。这既是自尊的表示，也意味着对交往对象较为重视。

在一般情况下，女士对化妆更加重视。其实，它不只是女士的专利，男士也有必要进行适当的化妆。

在社交场合，化妆需要注意两个方面。其一，要掌握原则；其二，要合乎礼规。

（1）化妆的原则。进行化妆前，一定要树立正确的意识。这种有关化妆的正确意识，就是所谓化妆的原则。关于社交场合化妆的原则，一共有4条。

①美化。化妆，意在使人变得更加美丽，因此在化妆时要注意适度矫正，修饰得法，使人化妆后避短藏拙。在化妆时不要自行其是，任意发挥，寻求新奇，有意无意将自己老化、丑化、怪异化。

②自然。通常，化妆既要求美化、生动，具有生命力，更要求真

实、自然，天衣无缝。化妆的最高境界，是"妆成有却无"。即没有人工美化的痕迹，而好似天然若此的美丽。

③适宜。化妆虽讲究个性化，但却必须学习才能懂行，难以无师自通。比方说，工作时化妆宜淡，社交时化妆可以稍浓，香水不宜涂在衣服上和容易出汗的地方，口红与指甲油最好为一色，等等，都不可另搞一套，贸然行事。

④协调。高水平的化妆，强调的是其整体效果。所以在化妆时，应努力使妆面协调、全身协调、场合协调、身份协调，以体现出自己慧眼独具，品位不俗。

（2）化妆的礼规。进行化妆时，应认真遵守以下礼仪规范，不得违反。

①勿当众进行化妆。化妆，应事先化好，或是在专用的化妆间进行。若当众进行化妆，则有卖弄表演或吸引异性之嫌，弄不好还会令人觉得身份可疑。

②勿在异性面前化妆。聪明的人绝不会在异性面前化妆。对关系密切者而言，那样做会使其发现自己本来的面目；对关系普通者而言，那样做则有以色事人，充当花瓶之嫌。无论如何，它都会使自己形象失色。

③勿使化妆妨碍他人。有人将自己的妆化得过浓、过重，香气四溢，令人窒息。这种过量的化妆，就是对他人的妨碍。

④勿评论他人的化妆。化妆系个人之事，所以对他人化妆不应自以为是地加以评论或非议。

以上就是修饰仪容应注意的五个具体方面，只要你在平时多注意这些仪容方面的小细节，相信你的容貌会变得更加靓丽，你的形象会更加光彩照人。

让你的表情充满亲和力

某公司要招聘一位市场部经理，一位名校硕士的简历深深吸引了老总。这位硕士有相关理论著述，而且在两家单位任过职，有一定经验。于是老总通知他3天后来公司面试，面试结果呢？竟然没能通过。老总后来说，那次面试是他亲自主持的。他发现那位先生有个特点，就是不管什么时候都是锁着双眉，不会微笑，显示出很沉闷的样子。他说，这种表情的人是典型的不擅做沟通工作的。而作为市场部的负责人，沟通本来就是重要的工作内容。

可见，一个人的表情在人际交往特别是初次交往中很重要，千万不可小觑。

心理学家指出："捕捉人心的要素很多，但是，其中效果最好，而且能使他人的目光不忍稍移的，莫过于表情。"

普通人多少都会对自己容貌上不完美的地方加以掩饰，拼命地来弥补。特别是那些天生容貌称不得出色的人，总希望尽可能看起来漂亮些，于是，便努力做出高雅的举止，脸上常挂着温柔的微笑。

你脸上的表情究竟该如何做呢？或许你想表现出自己是个男子汉，思虑深远，富有决断的表情，但是这实在是大错特错！充其量，你这张脸就像每天只是发号施令，看起来极端严肃的班长罢了。

当出现在公共场合时，表情与动作便是最佳的语言。

而人类的表情虽然变化多端，但是谁也无法抵挡迷人的微笑和动人的眼神，它们是会令你的表情充满亲和力的最佳法宝。

1. 眼神的作用

雪平是某外企公司人事部经理，被邀请参加一个世界著名公司的人际关系培训班结业典礼。雪平打算在了解公司讲师的素质后再决定自己是否参加培训。

他坐在前排右边，看着那些结业的人用被强化训练出来的积极热情的语言，振奋地表达自己的体会。那位主讲老师的脸上始终挂着一个定格的笑容，但是雪平总感到有什么使他困惑，他无法捉摸那笑容的背后，到底是真诚还是客套，他无法相信那张脸的诚意，更无法被那个标准的肌肉造型的笑容感染。典礼结束时，雪平走向那位讲师做自我介绍，在他们握手的一刹那间，雪平与他的眼睛直视，雪平这才明白：原来困扰我的是他那双眼睛。

雪平形容那双眼睛："看起来阴冷、高深莫测、虚实不定。那双眼睛对我并没有兴趣，它只是漠然地在我身上扫了一遍。这双眼睛与他的笑脸是那么的不和谐，这双眼睛里没有一丝笑意和温暖。我的困惑终于解除了，原来他的笑是强化培训出来的职业笑容。他的心中并没有笑容，这些全都通过眼睛表现出来。眼睛是心灵的窗口，一个只有脸上微笑，心灵没有微笑的人能是一个优秀的人际关系讲师吗？他不可能告诉我他自己都不懂得的事情。"雪平最终没有参加这个公司的培训班。

在人类的活动中，用眼睛来表达的方式和内容如此丰富、含蓄、微妙、广泛，眼神的力量远远超出我们用语言可以表达的内容。美国身体语言专家福斯特在他《身体语言》一书中写道："尽管我们身体的所有部分都在传递信息，但眼睛是最重要的，它在传送最微妙的信息。"每天人们都是用目光默默无声地互通信息，目光在面对面的沟通交流中起着重大的作用，它决定着你能否有效地与对方交流。一个不能运用目光沟通的人不会是个高效的交流者。

为此，我们需要学会用眼睛说话，丰富我们的表情。

在生活中，面对在不同场合、不同情况下的目光也有所不同。

不管是熟人还是初次见面，在向对方问候、致意、道别等时都应面带微笑，用柔和的目光注视对方，以示尊敬和礼貌。

和对方交谈时，注视对方时间的长短，是十分重要的。双方交谈中听的一方通常应该多注视说的一方。应经常保持双方目光的接触，长时间回避对方目光或是左顾右盼，是"心里有鬼"或是不感兴趣的表现。但如果一直用直勾勾的目光盯着对方，是非常失礼的，甚至会让人认为你有什么其他企图。要随着话题内容的变换，采用及时恰当的目光反应，使整个交谈融洽、和谐而且生动有趣。

交谈中当双方都沉默不语时，应该把目光移开，以免因为一时没话题而感到尴尬或不安；当别人说错话或拘谨时，不要正视对方，免得对方误认为是对他的讽刺和嘲笑。

运用目光的时候，要做到把目光柔和地照在别人的脸上，而不是单单注视对方的眼睛，给人一种死盯着不放，而且在瞪他或是不友善的感觉。也不要反复打量对方，不可以长久注视陌生的异性，不要随便使用鄙视、轻蔑、愤怒、仇视的目光。每种眼神传递的多是约定俗成的含义，不能随心所欲地胡乱使用。比如在谈判中，为了准确地把握谈判契机，掌握主动权，我们可以利用双目生辉、炯炯有神的目光，因为它是充满信心的反映，这种目光，就容易取得对方的信任与合作。假如双眉紧锁、目光呆滞无神或不敢正视对方，往往会被认为无能或者另有隐情，很容易导致不利结果。

假如你是一名推销员，就应该用祥和的目光和客户对视，因为这样的目光是吸引顾客注意力的一个好办法。当你介绍产品时，额头舒展，眼神放光，能让客户从你流露出的明快而亲切的目光中产生对产品的信任感。这样有利于顺利开展工作，也有助于融洽气氛、交流思想、增进感情并且加深印象。

2. 微笑的力量

西方有句谚语："不会笑就别开店。"中国人也说："笑口且常开，财源滚滚来。"微笑，是人类最美好的形象。因为人类的笑脸意味着温暖、自信、幸福、宽容、慷慨、吉祥等含义，微笑吸引着幸运和财富。英国BBC电视"人类的面孔"系列的作者巴特说："我们经常愿意与微笑的人分享我们的自信、希望与金钱。这里面深奥的原因已经超过了我们的意识所能够认识的。随时能够笑的人已经证明，他们在个人生活和事业上都更成功。"最具有说服力的证据来自美国金融巨头查尔斯·斯瓦博，当他被问到如何成为富豪时，他诙谐地回答："我的笑容价值百万美元。"

微笑可以表现出温馨、亲切的表情，能有效地缩短双方的距离，给对方留下美好的心理感受，从而形成融洽的交往氛围。它能产生一种魅力，它可以使强硬者变得温柔，使困难变得容易。所以微笑是人际交往中的润滑剂，是广交朋友、化解矛盾的有效手段。

面对不同的场合、不同的情况，如果能用微笑来接纳对方，可以反映出你良好的修养和挚诚的胸怀。另外，微笑于自己最大的好处是，在为自己营造良好人际关系的同时，促进个人的身心健康。

要塑造好的笑容，就要加强笑的艺术修养，剔除不良习惯，做到"四要四不要"。

四要：

一要口眼鼻眉肌结合，做到真笑。发自内心的微笑，会自然调动人的五官：眼睛略眯起、有神，眉毛上扬并稍弯，鼻翼张开，脸肌收拢，嘴角上翘，唇不露齿。做到眼到、眉到、鼻到、肌到、嘴到，才会亲切可人，打动人心。

二要神情结合，显出气质。笑的时候要精神饱满、神采奕奕，要笑得亲切、甜美。这样的笑伴以稳重、伴以文化修养，就能显出气质。微笑在于它是含笑于面部，"含"给人以回味、深刻、包容感。如果露齿或张嘴笑起来，再好的气质也没有了。

三要声情并茂，相辅相成。微笑和语言美往往是孪生姐妹，甜美的微笑伴以礼貌的语言，两者相映生辉。如果脸上微笑，却出言不逊，语言粗野，其微笑就失去了意义；如果语言文明礼貌，却面无表情，会让人怀疑你的诚意。只有声情并茂，你的热情、诚意才能为人理解，并起到锦上添花的效果。

四要和仪表举止的美和谐一致，从外表形成完美统一的效果。

四不要：

一不要缺乏诚意，强装笑脸。

二不要露出笑容随即收起。

三不要仅为情绪左右而笑。

四不要把微笑只留给上级、朋友等少数人。

总之，假如你平时不善言笑，可以通过训练有意识地改变自己。按照前面所说，对着镜子，做最使自己满意的表情，到离开镜子时也不要改变它。当你独处的时候，深呼吸、唱歌或听愉快的歌曲。忘掉自我和一切烦恼，让心中充满爱意。

特别是作为管理阶层，更不要使自己阴云密布。如果你这样面对上级，上级会认为你有工作压力，不能胜任现在的职务；如果你这样面对下属，下属会认为你对他的工作很有意见，让他考虑另谋高就；如果你这样和客户交谈，客户会认为你不希望和他合作。

衣着是做事的通行证

美国商人希尔在创业之始，就意识到服饰对人际交往与成功办事的作用。他清楚地认识到，商业社会中，一般人是根据一个人的衣着来判断对方的实力的，因此，他首先去拜访裁缝。靠着往日的信用，希尔定做了三套昂贵的西服，共花了 275 美元，而当时他的口袋里仅有不到 1 美元的零钱。然后他又买了一整套最好的衬衫、衣领、领带等，而这时他的债务已经达到了 675 美元。

每天早上，他都会身穿一套全新的衣服，在同一个时间里、同一个街道同某位富裕的出版商"邂逅"，希尔每天都和他打招呼，也偶尔聊上一两分钟。

这种例行性会面大约进行了一星期之后，出版商开始主动与希尔搭话，并说："你看来混得相当不错。"

接着出版商便想知道希尔从事哪种行业。因为希尔身上所表现出来的这种极有成就的气质，再加上每天一套不同的新衣服，已引起了出版商极大的好奇心，这正是希尔盼望发生的情况。

希尔于是很轻松地告诉出版商："我正在筹备一份新杂志，打算在近期内争取出版，杂志的名称为《希尔的黄金定律》。"

出版商说："我是从事杂志印刷及发行的。也许，我也可以帮你的忙。"

这正是希尔所等候的那一刻，而当他购买这些新衣服时，他心中已想到了这一刻，以及他们所站立的这块土他，几乎分毫不差。

这位出版商邀请希尔到他的俱乐部，和他共进午餐，在咖啡和香烟尚未送上桌前，他已"说服"了希尔答应和他签合约，由他负责印刷及发行希尔的杂志。希尔甚至答应允许他提供资金并不收取任何利息。

发行《希尔的黄金定律》这本杂志所需要的资金至少在3万美元以上，而其中的每一分钱都是从漂亮衣服所创造的"幌子"上筹集来的。

成功的外表总能吸引人们的注意力，尤其是成功的神情更能吸引人们赞许性的注意力。当然，这些衣服里也包含着一种能力，是自信心和创造力的完美体现。

一个人的外貌对于他本身有影响，穿着得体就会给人以良好的印象，它等于在告诉大家："这是一个重要的人物，聪明、成功、可靠。大家可以尊敬、仰慕、信赖他。他自重，我们也尊重他。"

只有在对方认同你并接受你的时候，你才能顺利进入对方的世界，并游刃有余地与对方交往，从而把自己的事情办成和办好，而这一切的获得在很大程度上与你的外在打扮有关。

但凡给对方留下了好印象的人都善于交往、善于合作。而一个人的仪表是给对方留下好印象的基本要素之一。试想，一个衣冠不整、邋邋遢遢的人和一个装束典雅、整洁利落的人在其他条件差不多的情况下，同去办同样分量的事儿，恐怕前者很可能受到冷落，而后者更容易得到善待。特别是到陌生的地方办事儿，给别人留下美好的第一印象更为重要。世上早有"人靠衣装马靠鞍"之说，一个人若有一套好衣服配着，仿佛把自己的身价都提高了一个档次，而且在心理上和气氛上增强了自己的信心。聪明的人切莫怪世人"以貌取人"，人皆有眼，人皆有貌，衣貌出众者，谁不另眼相看呢？着装艺术不仅给人以好感，同时还直接反映出一个人的修养、气质与情操，它往往能在别人尚未认识你或你的才华之前，向别人透露出你是何种人物，因此在这方面稍下一点功夫，就会事半功倍。

TPO是西方人提出的服饰穿戴原则，分别是英文中时间（Time）、地点（Place）、场合（Occasion）三个单词的缩写。穿着的TPO原则，要求人们在着装时以时间、地点、场合三项因素为准。

1. 时间原则

时间既指每一天的早、中、晚三个时间段，也包括每年春、夏、秋、冬的季节更替，以及人生的不同年龄阶段。时间原则要求着装考虑时间因素，做到随"时"更衣。

通常，早晨人们在家中或进行户外活动，如在家中盥洗用餐或者外出跑步做操健身，着装应方便、随意，可以选择运动服、便装、休闲服。

工作时间的着装，应根据工作特点和性质，以方便工作、庄重大方为原则。晚间，宴会、舞会、音乐会之类的正式社会活动居多。人们的交往距离相对缩小，服饰给予人们视觉和心理上的感受程度相对增强。因此，晚间穿着应讲究一些，以晚礼服为宜。

服饰应当随着一年四季的变化而更替变换，不宜标新立异、打破常规。

夏季以凉爽、轻柔、简洁为着装格调，在使自己凉爽舒服的同时，让服饰色彩与款式给予他人视觉和心理上的好感。夏天，层叠皱折过多、色彩浓重的服饰不仅使人燥热难耐，而且一旦出汗就会影响女士面部的化妆效果。

冬季应以保暖、轻便为着装原则，避免臃肿不堪，也要避免要风度不要温度，为形体美观而着装太单薄。应该注意，即使同是裙装，在夏天，面料应是轻薄型的，冬天要穿面料厚的裙子。春秋两季可选择的范围会更大更多一些。

2. 地点原则

地点原则代表地方、场所、位置不同，着装应有所区别，特定的环境应配以与之相适应、相协调的服饰，才能获得视觉和心理上的和谐美感。

比如，穿着只有在正式的工作环境才合适的职业正装去娱乐、购物、休闲、观光，或者穿着牛仔服、网球裙、运动衣、休闲服进入办公场所和社交场地，都是与环境不和谐的表现。

3. 场合原则

在不同的时间和地点穿衣有不同的要求，而从场合看，大致可以分为三类，即公务场合、社交场合和休闲场合。

（1）公务场合。公务场合是指上班处理公务的时间。在公务场合，本身的着装不可以强调个性，突出性别，过于时髦，或是显得过于随便，应当是既端庄大方，又严守传统。最为标准的是深色的毛料套装、套裙或制服。具体而言，男士最好是身着藏蓝色、灰色的西装或中山套装，内穿白色衬衫，脚穿深色袜子、黑色皮鞋。穿西装套装时，必须打领带。女士的最佳衣着是：身着单一色的西服套裙，内穿白色衬衫，脚穿肉色长筒丝袜和黑色高跟鞋。有时，穿着单一色彩的连衣裙亦可，尽量不要选择以长裤为下装的套装。公务场合不宜穿过于肮脏、残破、暴露、透视、短小、紧身服装。

（2）社交场合。社交场合是指人们在公务活动之外，与其他人进行交际应酬的公共场所。在此场合中着装要重点突出时尚个性的风格，既不要保守从众，也不宜随便邋遢。在参加宴会、酒会和舞会时，着装时主要有时装、礼服、具有本民族特色的服装以及个人缝制的服装。需要特别加以说明的是：在许多的国家里，人们出席隆重的社交活动时，有穿礼服的习惯。在西方国家参加这样的宴会时，男士要穿着最正规的大礼服，女士则穿着袒胸、露背、拖地的单色连衣裙式服装。而在我国目前最广泛的是男士穿黑色的中山套装和西装套装，女士则是单色的旗袍或是下摆长于膝部的连衣裙。其中中山套装和单色的旗袍最具中国特色。最不适宜穿制服出席宴会。

（3）休闲场合。休闲场合，此处所指的是人们置身于闲暇地点，用于在公务、社交之外，一人独处，或是在公共场合与不相识者共处的时间。居家、健身、旅游、娱乐、逛街等，都属于休闲活动。休闲场合对于服装款式的基本要求是：舒适、方便、自然。

符合这一要求，适用于休闲场合的服装款式为：家居装、牛仔裤、运动装、沙滩装等。不适合在休闲场合穿着的服装款式则有：制服、套裙、套装、工作服、礼服、时装等。

第五章

大处着眼，小处着手

——大格局领导，小细节管理

细枝末节体现人情味

假如你是一位统率千军万马的大元帅，你会过问每一个士卒的饥寒冷暖吗？

事实上，这是根本不可能的。

但是，你可以适时、适当地参加一些细致入微的事务性工作，这对你有益而无害。如果你总是摆出一副官架子，遇到一些事就满脸的不高兴，不屑于做或者根本不情愿去做小事，那么，你的下属或同事会对你产生成见。

在处理一些小事上，如果你做得效果不佳，或不完美，下属们也会轻视、讥笑你。认为你连这样一点儿小事都不想做，或者连一点儿小事都做不成，又如何做得了大事情呢？你的信誉会受到威胁。

况且有一些小事，你作为领导，必须努力去做到：

例如，你的下属得了一场大病，请了半个多月的病假在家养病。今天，他恢复健康，头一天来办公室上班，难道你对他的到来能面无表情、麻木不仁，没有真诚的问候话语吗？

再比如，你同科室的一位年轻人找到了一个伴侣，不久要喜结良缘，或者这位年轻人在工作上取得了突出成就，为本部门做出了杰出的贡献，难道你能不冷不热、无动于衷地不加一声祝贺称赞的话语吗？

这些小事足以折射出领导人品质的整体风貌，大家会通过一些鸡毛蒜皮的小事去衡量你、评判你。

一个优秀的企业家，只有做到了让职工们认识到自己存在的价值和具备了充足的自信之后，才有可能做到与职工们产生内心的共鸣，事业才能迅猛发展。

土光敏夫使东芝企业获得成功的秘诀是"重视人的开发与活用"，时时处处为员工献上爱心。在他70多岁高龄的时候，曾走遍东芝在全国的各公司、企业，有时甚至乘火车亲临企业现场视察。有时，即使是星期天，他也要到工厂去转转，与保卫人员和值班人员亲切交谈，从而与职工建立了深厚的感情。他说："我非常喜欢和我的职工交往，无论哪种人我都喜欢与他交谈，因为从中我可以听到许多创造性的语言，使我获得极大的收益。"

例如，有一次，土光敏夫在前往东芝姬路工厂途中，正巧遇上倾盆大雨，他赶到工厂，下了车，不用雨伞，和站在雨中的职工们讲话，激励大家，并且反复地讲述人是最宝贵的道理。职工们很是感动，他们把土光敏夫围住，认真倾听着他的每一句话。炽热的语言把大家的心连到了一起，使他们忘记了自己是站在瓢泼大雨之中，激动的泪水从土光敏夫和员工们的眼里流了出来，其情其景，感人肺腑。

讲完话后，土光敏夫的身上早已湿透了。当他要乘车离去时，激动的女工们一下子把他的车围住了，他们一边敲着汽车的玻璃门，一边高声喊道："社长，保重身体，当心别感冒！你放心吧，我们一定会拼命地工作！"面对这一切，土光敏夫情不自禁地泪流满面，他被这些为了自己企业的兴旺发达而拼搏的员工们的真诚所打动，他更加想到了自己的职责，更加热爱自己的员工。

老板如果想获得成功，必须着眼于为其手下的人谋福利，而非完全替自己打算。如果他企图控制或支配员工，他迟早会失败的。老板的成功是建立在员工成功的基础之上的。唯有真正关心员工的老板，才能使大家愿意要求进步，为公司尽力。

是"情"，而不是利益使员工对其老板表现出极大的忠诚。某化妆品销售公司的一位员工由于遇到了一些个人的问题，连续两个月销售额降低了3000美元，除非第三个月她的销售额超过3万元，否则她将会被公司解雇。很不幸，第三个月是7月，一个创纪录的热浪使每个人都关在家里，将近月底时，她还没卖到3万元的数目。这位员工平时是很乐观的人，在销售公司里，老板一直很喜欢她，但是迫于公司的规定，她不得不做出牺牲。

于是，这位员工最后不得不通过家里的人，冒着高温酷暑挨家挨户推销产品。老天不负有心人，月底她的销售额终于突破了3万元。

其实她所在这家公司的待遇并不是很好，她完全有可能在被解雇之后，找到一个工作环境、待遇更好的公司。但她忘不了老板的恩情，老板在她最困难的时候帮助了她，帮助她摆脱了前夫的纠缠。平日里无处不体现出一位好老板对她的关心和爱护，使她愿意为公司做出牺牲，为老板效力。由于老板的真情所致，员工对老板的忠心在关键时刻就凸显出来了。很多时候我们不能体会"公司的成败在于人"这一句话中的人具体指谁，究竟是员工呢，还是老板呢？很多人都会说"老板"，这就犯下一个大的错误。事实上，老板纵然有天大的本事，也不能独木撑天，只有员工才是决定公司成败的"人"。

中国人向来重视报恩，"滴水之恩当涌泉相报"。你急他人所急，给人以恩惠，他会心存感激，终身效力，也会在你遇到危难的时候，他会竭尽全力帮助你渡过难关。

因此，领导在对待员工时，一定要注意这样的细节，在培养中使用，在给予中索取，而且这种给予不仅是金钱的满足，更重要的是精神上的关怀，这才是管理员工的最佳境界。

从细节入手，打造团队精神

古语云："和实生物"；"和则一，一则多力，多力则强"。千百年来，"和"文化深深地影响着中国这个东方大国。团队要达到"和"，就要协调各种利益，综合不同意见，化解复杂矛盾，凝聚各方力量。其中最为关键的一点就是：凝聚力。

所谓凝聚力，可以从两个方面来看。一是个体成员要把自己有机融合到团队之中；二是这个团队要在实际行动中表现出自己的团结与合作精神。这两个方面互为前提，互相制约，都是不可缺少的因素。

每年南飞北往的大雁总是结队而行，它们的队形一会儿呈"一"字，一会儿呈"人"字，一会儿又呈"V"字。许多人曾经对此迷惑不解，后来科学家发现，大雁的编队飞行能产生一种空气动力学作用，编队飞行的大雁，在耗费同样能量的情况下，要比单独飞行的时候多飞行70%的路程。也就是说，编队飞行的鸟能飞得更远。

鸟儿结伴飞行给企业团队领导者的启示应该是深刻的，一盘散沙难成大业，握紧拳头出击才有力量。任何一支团队，成员之间必须团结一致，大家心往一处想，劲往一处使，才能无往而不胜。

团队凝聚力是团队对其成员的吸引力和成员之间的相互吸引力，

它包括"向心力"和"内部团结"两层含义，当这种吸引力达到一定程度，而且团队队员资格对成员个人和对团队都具有一定价值时，我们就说这是个具有高凝聚力的团队。

团队凝聚力是维持团队存在的必要条件，如果一个团队丧失凝聚力，像一盘散沙，这个团队就难以维持下去，并呈现出低效率状态；而团队凝聚力较强的团队，其成员工作热情高，做事认真，并有不断的创新行为，因此，团队凝聚力也是实现团队目标的重要条件。

现代社会，靠单打独斗是不能获得成功的，个人的能力与智慧毕竟有限，依靠个人奋斗的个人英雄主义时代已经一去不复返了。如果仅指望领导者殚精竭虑而没有广大员工的积极参与或只是提高员工的个人能力而没有有效的团队协作，那么在竞争日益加剧的今天就不会有生命力。

要想取得今后的成功，在未来的竞争中立于不败之地，就应充分运用人力资源，特别是要尽力使团队协调默契，形成强大的团队合力。

在人类的历史上，曾经有不少杰出人士都是有善于打造团队精神的高手，从而使自己所在的团队取得了辉煌的业绩，自己也赢得了巨大的成功。

在第一次世界大战中，艾迪·瑞肯巴契尔创下击落 26 架敌机的纪录，成为美国的"空军英雄中的英雄"。有一天，他的中队长在作战中阵亡，他就继任驻法第 94 航空中队中队长。

作战的损失非常大。更糟的是由于飞机保养维护不良，使很多驾驶员死于非作战性的坠机。由于找不到美军飞机，这个中队与其他空军中队不一样，用的全是法国制造的飞机。驾驶员也都认为他们的装备不好，因此士气非常低落，就在这种情形下，瑞肯巴契尔继任中队长。

他后来这样描述说："首先我将驾驶员都召集起来，我告诉他们，我们驾驶的飞机和其他在前线上的中队所用的飞机相同，包括那些法国空军。我问他们，法军驾驶员的技术是不是比我们好？当他们回答说'第94航空中队拥有最优秀的驾驶员'时，我就向他们挑战，要他们和其他战斗机中队比赛。输赢的标准非常简单，只要记下击落敌机的数目即可。击落敌机最多的中队就是胜利者。"

"然后我又召集所有地勤人员开了一次会。我特别强调，没有他们，驾驶员只能在地上跑。我告诉他们，现在我们这个中队要和其他战斗机中队比赛。既然他们也是竞赛中的一分子，我要求他们和其他中队的地勤人员比赛。比赛的事项是看谁的飞机故障率最低。"

"从一开始，我就看出比赛的效果……当目标是要击败某些人的时候，人们会工作得更努力——即使是对自己的朋友。"

用不着再多说，第94中队在瑞肯巴契尔的领导下，就此成为战场上最好的美军战斗机中队。退役后，他运用同样的技巧创立了东方航空公司，使这家公司从一无所有变成当时美国最好的航空公司。

假若你想吸引别人的追随，别忘了利用竞赛的方式将工作变成游戏。他们会因此追随你，而且使你们的团队成为胜利者。

世界首富比尔·盖茨成功的最大秘诀是什么？答案是：微软有成功的团队。

微软公司是一家由聪明人组成、管理良好的公司。盖茨很自豪能请来一群最聪慧的人才。他在1992年曾说，微软和其他公司与众不同的特色就是智囊的深度。把他们称作螺旋桨头脑、数字头脑、齿轮转动头脑或工作狂、用脑狂，还是微软奴都可以。

盖茨多次说道："把我们顶尖的20个人才被挖走，那么我告诉你，微软会变成一家无足轻重的公司。"

韦尔奇认为，微软公司就是靠这些出类拔萃的人物和比尔·盖茨合理的管理制度，在竞争中走向成功道路的。那么，怎样才能组建一个类似于微软有战斗力的团队呢？从微软和其他一些成功公司的管理者身上，韦尔奇总结的经验是：

1. 明确合理的经营目标

目标是把人们凝聚在一起的重要基础，对目标的认同和共识才会形成坚强的组织和团队，才能鼓舞人们团结奋进的斗志。为此，要做好：

（1）有导向明确、科学合理的目标，有的企业提出"以质量取得顾客信赖，以满足顾客需要去占领市场，努力提高市场占有率，通过扩大市场份额去追求效益和发展"。这就比那种单纯提销售额增加多少，利润增加多少的目标更明确、更具体，知道劲儿往哪里使。

（2）把经营目标、战略、经营观念，融入每个员工头脑之中，成为员工的共识。

（3）对目标进行分解，使每一部门、每一个人都知道自己所应承担的责任和应做出的贡献，把每一部门、每一个人的工作与企业总目标紧密结合为一体。

2. 增强领导者自身的影响力

领导是组织的核心，一个富有魅力和威望的领导者，自然会把全体员工紧紧团结在自己的周围；反之，就会人心涣散，更谈不上团队精神了。领导者由于其地位和责任而被赋予一定权力，但仅凭权力发号施令、以权压人是不能形成凝聚力的，更重要的是靠其威望、影响力令人心服，才会形成一股魅力和吸引力。这种威望，一是取决于领导者的人格、品德和思想修养；二是取决于领导者的知识、经验、胆略、才干和能力状况；三是取决于领导者是否严于律己，率先垂范，以身作则，能否全身心地投入事业；四是取决于领导者能否公平、公正待人，与员工同甘共苦、同舟共济，等等。

3. 建立系统科学的管理制度

建立与人本管理相适应的一整套科学制度，使管理工作和人的行为制度化、规范化、程序化，是生产经营活动协调、有序、高效运行的重要保证。没有有效的制度和规范，就会出现无序和混乱，就不会产生井然有序、纪律严明、凝聚力很强的团队。

4. 以平等为基础的深入沟通

很多著名企业都强调沟通、互相尊重，使团队内每一位成员感觉到自己在公司的重要性。这些企业的上下级并没有尊卑之别，而是大家一律平等，有问题可以越级沟通。而且有许多具体制度来保证下情上达，下面的意见不会被过滤。"以人为本"首要之处就是要有一种平等的理念，尊重每一个员工。其实大家都是平等的，只是工作的性质不一样，行使的权利不一样，不代表谁就比谁特别能干、特别地强。

如果一支军队能够攻城略地、百战不殆，它最大的特征就应该是人和。一个优秀的企业团队同样如此，要坚信强大的凝聚力来自相互

掌控细节

之间的平等！

5.员工自主管理与团队配合

一个团队具有凝聚力，并不是说这个团队的所有成员都只作为团队的一员而存在，相反，他们都有足够的个人空间，都能发挥出自己的最大能力。领导者要做的就是促进团队成员之间的配合。

作为团队领导人而言，培养团队成员整体搭配的团队默契，应在给予每位成员自我发挥的空间的同时，还要破除个人英雄主义，搞好团队的整体搭配，形成协调一致的团队默契，努力使团队成员懂得彼此之间相互了解，取长补短的重要性。如果能做到这一点，团队就能凝聚出高于个人力量的团队智慧，随时都能造就出不可思议的团队表现和团队绩效。

6.建立和谐的人际关系

人是社会的人，每一个人在工作和生活中，会与许多人交往、打交道，必然有人际关系问题，而且一个人每天8小时甚至更多时间是在工作单位度过的，因而企业内的人际关系更为重要。同事之间友好、融洽地相处，创造一种和谐的良好的人际关系，会使人心情舒畅、精神焕发，使企业融合为一个友好、和睦的大家庭和团队。

7.树立全局观念和整体意识

一个团队、一个系统所最终追求的是整体的合力、凝聚力和最佳的整体效益，所以必须树立以大局为重的全局观念，不斤斤计较个人利益和局部利益，自觉地为增强团队整体效益做出贡献。

从细微处全面考察下属

考察是识别和衡量人才是否堪当重任的非常重要的手段和方法。我国早在汉代就确定了刺史六条，用以监督和考察百官的政绩与行为，并把它立为百代不易之良法。可见，对人才的考察由来已久。

但中国人一直比较内敛，向来都是含蓄不露，这就无形中增加了考察的难度，中国管理也自有一套适合中国人自己的察人法宝，即见微知著，从人不经意的细节中洞察他的本性。所以，中国式管理讲究识人必须从外到内去认识人的质性，也就是从外表的仪态、容貌、声音、神色、眼神、举止等求其内在的精髓。

周亚夫可谓汉景帝的股肱重臣，他在平定七国之乱的时候立下了赫赫战功，以后又官至丞相，为汉景帝献言献策，也算是忠心耿耿了。可是汉景帝在选择辅佐少主的辅政大臣的时候，还是把他抛弃了，原因何在呢？

在古代的时候，每个皇帝年老之后，皇位的继承问题就空前复杂起来，每个皇帝都会费一番心血。汉景帝就碰到了这个问题，当时太子才刚刚成年，需要辅政大臣的辅佐，汉景帝为此试探了一次周亚夫。

一天，汉景帝宴请周亚夫，给他准备了一大块肉，但是没有切开，也没给他准备筷子，周亚夫看了，很不高兴，就回头向主管筵席的官员要筷子，汉景帝笑着说："丞相，我给你这么大一块肉你还不满足吗？还要筷子，真是讲究啊。"周亚夫一听，赶紧摘下帽子，向皇帝跪下谢罪。汉景帝说，起来吧，既然丞相不习惯这样吃，那就算

掌控细节

了，今天的宴席就到此为止吧。周亚夫听了，就向皇帝告退，快步出了宫门。汉景帝目送他离开，并说，看他闷闷不乐的样子，实在不是辅佐少主的大臣啊！

所谓见微知著，汉景帝试探周亚夫的方法可以说是很巧妙，辅佐少主的大臣，一定要稳重平和，任劳任怨，不能有什么骄气，因为少主年轻气盛，万一有什么做得过分的地方，只有具有长者风范的人，才能包容这些过失，一心一意地忠诚尽责。从周亚夫的表现来看，连皇帝对他不礼貌的举动，他都不能忍受，一副很不高兴的样子，以后又怎么能包容少主的过失呢？赏赐他的肉，虽然不方便食用，但在汉景帝看来，他也应该二话不说，把它吃下去，这表现了一个臣子安守本分的品德，他要筷子的举动，在汉景帝看来就是非分的做法，到辅佐少主的时候，会不会有更多非分的要求呢？这是汉景帝不能不防的，所以汉景帝果断地放弃了周亚夫。

在任何时候，管理都是一项复杂的工程，尤其是与人打交道更不能掉以轻心，匆忙给别人下结论，也就是说，防止出现过早下结论的错误，以免影响其他环节。许多高明的管理者都是善于从细微处考察人。

芝加哥第一国民银行来了位新总经理，名叫凯奇，几天以后银行的出纳部主任伏根要求拜会这位新总经理。其实伏根并没有任何要紧的事，只是想向新的总经理表示祝贺和致敬。

这位伟大的银行家凯奇，很喜欢与人闲聊，他对账目专家伏根的造访，表现了十分的热情。后来伏根回忆说："凯奇先生与我谈话时，专门寻根究底，所谈内容相当琐碎。从我的儿童时代一直问到现在，当然谈得最多的还是有关银行经验。这使我惊奇不已。"他又说："当时我就有些莫名其妙，回到自己的办公室后，心里愈发糊涂了。"

不久以后，一纸委任状下来，伏根被任命为银行的副总经理。6年以后，凯奇成为美国总统府的内阁成员，伏根便接替了凯奇的总经理职位。

凯奇遴选出这位非常出色的副手，并非一件偶然巧合的事。他曾几度研究过伏根的为人及能力，而伏根并不知道自己被上司留心观察。而凯奇也并没有完全听取旁人对伏根的评价，也没有向伏根表明目的，只是与他交谈问他问题，聆听他的讲话，注意他的外在表情，研究他的内心世界。

可以说，一个人在没有提防时所做的事和所说的话，最能反映出他平素的为人处世。

例如，有位大实业家威司汀有一次邀一个人到他家里，本来他是准备将一项重要的任务交给他的。闲谈良久，却发现此人"胸无成竹"，只好取消原来的计划。

对于这种策略的运用，美国一名工程师，也是一位非常著名的实业界领袖曾风趣地说，了解一个人最好的法子，便是与他一道玩网球和高尔夫球。缘由何在？可能寓意其中了。

戴维斯，一家人寿保险公司的经理，曾以善于遴选和训练职员著称。他所雇用的职员，都是他在别家铺子里留心的人，或者是在旅途中偶然认识的人。在这些场合，与人交谈一般是不加提防的，这样正好给了他留心观察的机会，使他能对他所要遴选的人的真实面目、能力智商有较深刻的了解。合适者便聘来训练任用。

常言道，言为心声。了解下属的直接方法就是和他交谈。平时，领导要多接触下属，多与下属交谈，有意识地询问下属一些你关心和正在思考的问题，从下属的谈吐中初步判断他们的观念、才学与品性。

1. 目光远大的人可以共谋大事

在询问下属"公司应该向何处发展""你有什么打算"等问题时，领导如果发现下属不满足于现状，有远大理想，有不同寻常的发展眼光，且想法也不空泛，那么，这是一个值得重用的人，可以提拔重用，成为共谋大事的搭档。

2. 善于倾听的人能担大任

善于倾听别人谈话，能够抓住对方本意，领会其要旨，回答言简意赅的人能担当大任。

因为他们善解人意。善听是一种修养，它只有经过长期的锻炼才能形成；同时，这些人想必是有谦逊的品德，有随和的个性，具有领导和管理的天赋。一般来说，三言两语就能切中问题要害的人，往往是思维缜密、周详而又迅速果断的人。他们对事物体察入微，而且客观全面，做出的决定也实际可靠，他们是能担当大任之人。此所谓"真人不露相，露相非真人"。起用他们，公司业务扩展获得的成果定会是实实在在的。

3. "胆小"心细的人比轻易许诺的人更可靠

在布置任务时，有的下属常说"我担心……""万一……"之类的话。乍看起来，这种人给人一种胆小怕事的印象。其实不然，因为他们往往思维比较严密，能够居安思危，经常考虑到可能的各种情况和结果；同时也善于自我反省，明白自己的所作所为及其可能的结果，很有责任感。由于他们对工作中所遇到的困难和出现的问题有足够的重视，做起工作来，就会有条不紊越做越好。领导应当给他们加压、委以重任。

一个常轻松说"肯定是……""就这么回事""一定成""没问题"等如此之类的话的人，往往给领导一个爽快能干的印象。事实上，这种轻下断言、轻易许诺的人是靠不住的。轻易断定没有任何困难，这至少表明他工作草率、不具备发现问题的能力；轻易许诺是缺乏承诺的诚意与能力的一种表现。

4. 华而不实、言之无物的人不能使用

说话模棱两可，公式化的一问一答，善于应酬而胸中无策的人不可重用。

华而不实者，口齿伶俐，能说会道，口若悬河，滔滔不绝，乍一接触，很容易给人留下良好印象，并当作一个知识丰富、表达力强、善交往、能拓展业务的人才看待。但是，领导者不要被外表所迷惑，须要分辨他是不是华而不实的人。华而不实的人，善于说谈，谈古论今头头是道，而且能将许多时髦理论挂在嘴上，迷惑许多辨别力差、知识不丰富的人。考察这种人，谈话要多一些具体的问题，给予具体的任务，让他找出对策，试办具体的业务。如果此人谈话、做事避实就虚，圆滑应对，说明此人是华而不实者，当副手尚可，绝不能独当一面。

总之，作为企业管理者，要学会从一言一行的细节处考察人才，管理公司。所谓细节决定成败，它也同样适用于人才的选择和企业的管理。在企业当中，日常做得最多的还是些细节性的小事，惊天动地的大事毕竟只是少数。因此，管理者考察人才和管理决策时，最应该

注意的是员工平时在工作当中的细节问题和公司存在的普遍现象。所谓"见微知著，以小见大"即是指此而言。

总之，从生活细节上识别人，带有很大的经验性，需要敏锐的眼力，发现别人不容易发现的特点，能在转眼即逝的言行中发现某个人的隐蔽特征。身为领导者，只要注意锻炼自己观察细节的能力，就不难发现每个人的奥秘。

不在背后评价同事和下属

"人前说好话，背后勿论人非。"身为领导，一定要管好自己的嘴巴，不可随意在背后评价下属和同事。其实，人人都希望在工作岗位上能互相帮助，取长补短，愉快地工作。但是这种和谐的群体气氛，常会被一些无聊的小事所破坏，使大家的心里蒙上一层阴云。

当下属或同事不在场时对其说三道四，这是破坏群体和谐的大敌。虽然言者未必怀有恶意，然而，由于谈论的是一个不在场的人，言论很易出格，让人听起来不无诽谤之感。

而这些背后议论一个人的言论，传来传去常常在无形中被夸大，尽管传话的人可能并无恶意，但一旦被受议论者听到后，足以使其伤透心。人类最难控制的器官是舌头，最难压抑的欲望是说话。想要堵住一个人的嘴巴，恐怕是不可能的。更何况这些背后议论的话语几经相传，最后被本人听见时，已经是恶意话语之集大成了。相形之下，被议论者对那些背后议论者的反感和气愤程度，是可以想象的。随之而来会产生永远不再与那些议论自己的人说话、共事的思想，也是毫不奇怪的。这样一来，和谐的群体气氛必然遭到破坏。

因此，当某人不在场时，绝对不要对这个人的行为做任何不负责任的评论。这是作为组织中的一员应有的起码修养。哪怕是没有一点恶意的议论，也是绝对不允许的。

作为一个领导，如果真想给下属提批评意见的话，最好和其本人面对面单独进行，在没有他人参加的场合下，有条有理、心平气和地交谈。既然讲话的目的完全是为了他人好，那么，就应该在没有任何旁人的场合讲。随便轻率地说话，或单纯为了发泄私愤而信口开河，都是一个人不成熟的体现。

尤其是酒后言谈更需要特别谨慎。一言既出，驷马难追，无论你如何解释都无济于事，不会得到别人谅解，往往被当成"酒后真言"。有的人想得简单，认为酒后说出来的话一般人记不住，然而正好相反，记得分外清楚。

总之，不论在何种情况下，不要谈论不在场的人，应该成为每个人的行为准则。其实，喜好搬弄是非，在背后议论人的人，大都是些言谈轻率、轻易就可以给一个人下结论，或是言语偏激、发泄私愤的人。这样的人，是不会成为一名优秀的领导的。

作为领导，如果想要控制某种局面，客观地评价你的下属或同事，仅仅知道人们正在那儿干什么是远远不够的。我们还必须知道他们为什么要干，为什么一定要这么干而不那么干，这就是正确评价他人的动机所在。而不是抢着打击，以不满的态度在背后评价他人，以泄私愤。

一个聪明能干的领导者，如果能仔细地对别人加以品评，明了他人性情、为人等，便获得了驾驭他人的机会和可能。

弗洛尔夫曾做过职业公司的经理，他对于任何人重要特性的观察都相当细心。他常常在内心里反问自己：这人的主张是来自他自己呢，还是请教别人得来的呢？

弗洛尔夫品评人，有他独特的方法。他认为，如果一个公司的代表走进我的办公室，对我说："先生，您想如此如此做吧？"这人是在试着问我的脑子；另一位代表进来后则说："先生，对于此事，我以为应该如何如何去做！"无疑，这人是在用自己的脑子。所以，你可以根据一个人送来的信函或者报告，说出他的许多情形。一个人是否具有果敢的特性，是否有善于负责任的习惯，便可以从上述细小的生活、工作事件中去观察。

品评他人的目的在于量材适用。因为凡是自己的主意，别人未必都能去做；有些人替别人工作异常地出色，但让他们自己出主意、想办法，却缺乏应有的勇气和创造力；有些人虽然很能干、忠实，但他们绝不是将才和帅才。

一般的人，见责任加重，不免往后退缩，但意志坚强的人则不然，他们知道成功后的快乐，于是他们不怕面对困难的挑战，更愿将更加重大的责任放在自己的身上，并且以此获取一定的权力和地位，以维持他那永不满足的自尊。这样的人十有八九会是事业上的成功者。

依草附木之士，专让别人帮助他们，在人生舞台上，便像个无助的小孩，畏畏缩缩，既不敢举步，又不敢后退，更不知如何去维护自己的自尊。这样的人十有八九是个庸才。

我们可以将意志坚强的人比作一个极端，而依草附木的人则是另一个极端。两者均是生活中的少数。而世上的大多数人是处于这两端之间。明了这一点，用一种适当的尺度去品评他人是很有裨益的。

　　在品评他人时，以下几点须认真考虑：

　　他唯恐不如人，能以积极的方式补偿别人的善意吗？在受到别人的正确的激励之后能挺身而出吗？

　　他盛气凌人，爱与人争吵作对吗？

　　他好似孔雀一般，高视阔步，处处带有虚荣心吗？

　　他常夸夸其谈、自以为是吗？

　　他酷爱荣誉，凡事都要取得回报吗？

　　对于别人的提议他常不予赞同，用心何在？

　　对于一切批评和建议，他都表示接受和欢迎吗？

　　如果他是个很矜持的人，他心里是不是有不如人的恐惧？或者他就是那种古怪的人？与他共事有害吗？

　　他有很强的责任感和使命感吗？

　　他有很坚强的毅力，并且富有创造性的思维吗？

　　他热衷于社会活动、公益事业，或者对此漠不关心吗？

　　他有很强的进取欲吗？

　　在他所犯的过失中，有无雷同的过失？

　　一个真正的领导者，应善于正确地品评他人，以己之长克人之短。

　　在这一方面，我国古代的蔺相如从大局出发，正确地评价廉颇，使之"负荆请罪"的故事就充分说明这一点。

由于蔺相如连立两个大功（"完璧归赵"和"渑池会"），官位就在老将廉颇之上，廉颇不服气，并扬言"遇上蔺相如，一定要羞辱他一番"。蔺相如听了，就处处忍让，尽量不与廉颇见面，连上朝都装病不愿见廉颇。有一次蔺相如乘车外出，遇上廉颇，就连忙驾着车子躲开他。因为这样怕廉颇，跟随他的人也感到羞惭，大家都要离开他。蔺相如对他的随从说，那样威严的秦王我都不怕，我难道怕廉颇吗？我是为了国家的安危才这样忍让他的呀！廉颇知道后感到十分惭愧，于是就向蔺相如负荆请罪，结果，他们成了刎颈之交。

一个反对者居然成了生死之交，其中奥秘就在于蔺相如的以大局为重，以国家为重，即使廉颇是错的，他也能忍让。如果我们也能像蔺相如一样对反对者采取宽容的态度，那么何愁不能和反对者言归于好呢？

把权力交给这样的人

到巴黎卢浮宫观光，除了有幸看到那里著名的达·芬奇油画《蒙娜丽莎》和美丽绝伦的维纳斯雕像等琳琅满目的艺术珍品之外，博物馆入口那座金字塔形建筑物的奇特造型，也令人无不叹为观止。

卢浮宫是位于巴黎市内塞纳河畔的一座古老宫殿，法国大革命之后，卢浮宫成了一座法国的国家博物馆。但那古老的宫殿里却显得阴暗潮湿，原来的出入口已无法容纳每天数以万计的游客，并且缺乏通往各展厅的通道。这个难题虽早在路易十四时就曾试图改造，但300余年来始终令法国建筑师们束手无策。20世纪80年代初，总统密特朗上任不久，便专门邀请著名美籍华裔建筑大师贝聿铭主持设计卢浮宫博物馆的改建工程。此决定立即引起当时法国建筑界和传媒的一片哗然，纷纷在报纸上撰文指责总统：不该把如此重任委托给一个中国人，丢尽了法国人的脸，感到无法接受。然而，高瞻远瞩的密特朗总统对贝聿铭的非凡才能则深信不疑，他顶住了来自舆论和议会的种种压力，初衷不移。

其实，贝聿铭之所以会毅然决定担此重任，不仅在于他具有丰富的经验和卓越的才能，并且他早已胸有成竹，具有十分的把握。贝聿铭先生出身于中国苏州望族，有名的狮子林原是他祖辈之园林。早年在上海圣约翰大学附中求学，1937年进圣约翰大学就读。以后他转赴美国留学，在著名的麻省理工学院攻读建筑，毕业后再进哈佛大学深造，获建筑硕士学位。20世纪40年代，他又跟随当时一位杰出建筑大师格鲁比斯实习，边工作，边深造。50年代初，贝先生赴欧洲开拓他的建筑事业。当时，他仔细考察了希腊神庙和英国教堂，并汲取了其中的精髓。他还在巴黎花了不少时间，悉心研究如何处理好卢浮宫中的建筑群和侧厅间布局之关系。可见，他之所以能决定接受密特朗总统的亲自委托，绝非偶然。

新建筑揭幕的那一天，卢浮宫拿破仑院中各界名流云集，新闻传媒纷至沓来。当法国总统密特朗亲自将那金字塔形建筑物的巨大丝绒帷幕拉开时，顿时在人群中迸发出一片惊叹和欢呼声。但见那用钢条框着的连片玻璃方块，犹如用细丝网罩着一具无形的三维框架。那巨大的金字塔玻璃面上反射出周围建筑和蓝天白云，与美丽、宏伟的宫殿建筑融为一体。入晚之后，这座玻璃金字塔就像一座巨型水晶灯，

掌控细节

光芒四射，十分壮观。

当人们走进那"金字塔"大门，便有宽畅的自动扶梯把成群的观众送至地下大厅。在华丽、明亮的大厅里，你可以方便地寻找到展出的信息和服务台。从这里顺利地通往3个楼面的10个展厅，其中包括古希腊、古罗马、古埃及的众多文物，也可以看到东方的瓷器、欧洲的油画和雕塑。在博物馆里，还设有礼堂、餐厅、礼品商店、贵宾室等功能设施，使参观者处处感到异常方便和舒适。

若干年来，国际建筑界已将这座由贝聿铭大师主持设计的杰作视为20世纪经典之作，并把它称作"贝氏金字塔"。这在近代建筑史上是绝无仅有的殊荣。

数十年来，在贝聿铭先生的主持指导下，已经创造性地设计了许多国际上著名的建筑物。其中如香港的标志性建筑——高矗云霄的香港中国银行大厦等，就是他的代表作。

可见，贝聿铭的确有建筑方面的天赋，难怪当年的法国总统密特朗慧眼识才，力排众难，委以重任。

对于现代企业领导来说，善于授权对于成就自己的事业是至关重要的。而授权能否成功的关键因素之一，在于你所决定选择的人选，能不能独当一面，胜任工作。因此，你必须要慎重考虑你要授权的人选，以下是你在选择授权对象时的判断要点，请你参考：

（1）这项任务对谁具有挑战性？谁能获益最多？谁能胜任？

（2）谁具有该任务所需的才能和意愿？

（3）达成这项任务须具备什么人格特质？谁具有这些人格特质？

（4）所需的人数是否不止一人？如果是，如何使这些人同心协力工作？

（5）完成这项任务需要过去的经验吗？安排某个人去获取这种经验，能否加强工作团队的实力？

（6）如果时间与品质要求允许的话，可以把这项任务作为团队成员的训练机会吗？

（7）被授权者目前的工作负荷是否够重？你是否需要协助他调整他的工作？

（8）你将如何监督工作进度以及如何评估工作成果？

美国一家著名企业的经理约翰先生曾经提到自己永远记忆深刻的一件事，就是在早期登上业务经理职位时，当时的总经理曾给了他一个终生受用不尽的教训：

"再坚强，再能干的主管，也要借助他人的智慧和能力，你唯一要做好的事情，就是仔细精选人才，训练他们，然后授权给他们，让部属尽量去发挥。"

他教导年轻的约翰要成为一位敢向下授权的企业主管人，由于遵奉力行，使他在以后的日子里获益良多。他发现一个人的能力毕竟有限，想要成就一番大事业，领导者确实需要把自己的权力和责任适度地交由部属分担，分层负责，才是提高团队效率的捷径。

在日本有"经营之神"美誉的松下幸之助，就是一位非常善于授权的企业家，他经常告诫各级主管，不要像个管家婆，要授权，在分层负责的过程中，领导者只要扮演发号施令的角色就好。松下幸之助如是说：

"公司经营最重要的是分层负责。一个人想把所有的事情都揽在手里亲自处理，只能做到一个人的力量范围的事，无法成就大事。想要做大事，必须懂得分层负责。"

对松下而言，授权的秘诀就是："实力胜于资力""让年轻人任高职"。

松下之所以提出这样的主张，有其生理的、社会的理论依据。松下认为，一个人，30岁是体力的顶峰时期，智力则在40岁时最高。

过了这个阶段，智力、体力就会下降，慢慢地走下坡路。尽管也有例外，但大体情况如此，因此，职位、责任，都应与此相适应，这才是合乎规律的。

阅历、经验，当然是年长者多一些，但这并不等于"实力"。松下提出的"实力"概念，是很有意味的。他认为，有实力，不仅要能知，而且更要能行，知行合一，才是实力的象征。老年人也许能知，但往往力不从心，未必能行。相比较来说，还是三四十岁的人更具实力。有实力的人，当然应该委以重任。

不过，一个大公司由于有各种各样的职位，其中有一些还是颇适合老年人的。但面对困难时的攻坚、冲刺，就非年轻人不可了。

松下认为，国家遇到困难，公司遇到困境时，要靠年轻人的力量才能突破难关。

其原因，正是因年轻人具备实力。

同样，创新也是离不开年轻人的，这是与人在各年龄段的生活观念相联系的。人的眼光也有年龄的区别：青年人向前看，中年人四周看，老年人回头看。因此，老年人易于保守，给他们创新的任务显然是不合适的，这项使命应该放在年轻人的肩上。

但是，根深蒂固的东方文化传统，并不轻易容许年轻人脱颖而出。松下深知此点，因此，他有一个解决的办法，那就是经常听取年轻人的意见。松下在决定一件事的时候，往往要吸取年轻人的意见，亲自向他们询问。如果年轻人直接把自己的意见提出来，即使正确并富有建设性，也会因为人微言轻而不被采纳；但如果公司首领征求他们的意见，用经营者自己的口说出来，分量就大不一样，这就是巧妙的领导艺术了。

　　松下很看重和欣赏这种技巧，他认为年长的企业领导，应该汲取年轻人的智慧，巧妙地推进工作。

　　松下对数千年形成的东方民族"重年资"传统的弊端看得很清楚。在一次会议上，他谆谆告诫手下的部属们："现在的年轻干部，过10年、20年就会老了，那时候不管你的地位是社长还是会长，论实力都比不上40来岁有才能的人，假如由他们来代替你们的职位，就更能促使公司的发展。但日本的情势、人心向背，各种因素错综复杂，这一设想未必能顺利进行。但是，千万要记住，如果可以代替的话，对公司的发展是有益的！"

第六章

态度决定高度，
责任胜于能力

——职场细节，成就卓越

时刻保持仪表整洁

仪表整洁，既是对自己的尊重，也是对别人的尊重。

一个仪表整洁的人，总是让人感觉良好，仪表整洁是一种礼貌，既是对自己的尊重，也是对别人的尊重，一个邋遢的人，只能给别人留下无教养的印象，更会给人留下此人活得很糟糕的印象。

李强是电脑行业中的"金领"一族，很有工作能力，但在生活中他是一个不拘小节的人，整天一身破牛仔，从未想过注重个人形象这回事。

有一次，他去一家公司面试，依旧穿的是那套"行头"。刚一见面，负责招聘的人便皱起了眉头，双方谈了几句，对方便下了逐客令："对不起，我们公司需要的是工作态度和生活态度都很严肃的人！"

李强的面试以失败而告终。看来，要想在面试工作中顺利过关，衣装打扮是不能忽略的环节。否则连进门的资格都没有，更谈不上得到施展自己才华的机会！培根有句名言："相貌的美高于色泽的美。"仪表是展示自己才华和修养的重要外在形态。要想有良好的形象，就必须注意穿着打扮、行为举止及自身素质的提高，从而使你的形象在交往中光彩夺目。要创造良好的第一印象，首先要注意服装及仪表。服饰是一种无声的语言，服装的整洁得体不仅是自我形象的树立，也是对对方的尊重。假如一个蓬头垢面衣衫不整的人站在你的面前，一定会让你觉得讨厌。服装最要紧的是大方得体、干净整洁、大众化。如果你想在服装方面"标新立异"，那只能使你脱离人群，是不会得到别人的喜欢和接近的。

那么，怎样保持整洁的仪表呢？我们可以从以下几方面对自己做出改善。

1. 留意你的穿着

"先敬罗衣后敬人"，从道德上说是不公正的，但面对现实的社会观念，我们尚无法改变。因为要对方了解你的内在美，尚需一段时间，而体现一个人个性的着装却一目了然，给人留下一个美好的印象。留意你的穿着，并不是叫你穿上最流行、最时髦的衣服，而是希望你穿得干干净净、整整齐齐，至于衣服是新是旧，质料是好是坏，并不是主要问题。美国有许多家大公司对所属雇员的装扮都有"规格"，这规格不是指要穿得怎么好看，而是人们观感的水准。

2. 注意细节

鞋擦过了没有？裤管有没有痕？衬衣的扣子扣好了没有？胡须刮了没有？梳好头没有？衣服的皱折是否注意到？

乍一听似乎可笑。事实上，这些细节会给人留下良好的印象，整洁的着装总是给人一种信赖感。

一个衣衫不整、邋邋遢遢的人，是对自己不尊重，也是对他人的不尊重。这样的人，是不可能赢得他人的好感与尊重的。因此，一个懂得做人之道的人，应该时刻注意保持整洁的形象。

不以卑微的心做卑微的事

无论你贵为君主还是身为平民，无论你是男还是女，都不要看不起自己的工作。如果你认为自己的劳动是卑贱的，那你就犯了一个巨大的错误。

罗马一位演说家说："所有手工劳动都是卑贱的职业。"从此，罗马的辉煌历史就成了过眼云烟。亚里士多德也曾说过一句让古希腊人蒙羞的话："一个城市要想管理得好，就不该让工匠成为自由人。那些人是不可能拥有美德的，他们天生就是奴隶。"

今天，同样有许多人认为自己所从事的工作是低人一等的。他们身在其中，却无法认识到其价值，只是迫于生活的压力而劳动。他们轻视自己所从事的工作，自然无法投入全部身心。他们在工作中敷衍塞责、得过且过，而将大部分心思用在如何摆脱现在的工作环境上。这样的人在任何地方都不会有所成就。

所有正当合法的工作都是值得尊敬的。只要你诚实地劳动和创造，没有人能够贬低你的价值，关键在于你如何看待自己的工作。那些只知道要求高薪，却不知道自己应承担的责任的人，无论对自己还是对老板，都是没有价值的。

也许某些行业中的某些工作看起来并不高雅，工作环境也很差，但是，请不要无视这样一个事实：有用才是伟大的真正尺度。在许多年轻人看来，公务员、银行职员或者大公司白领才称得上是绅士，其中一些人甚至愿意等待漫长的时间，目的就是去谋求一个公务员的职位。但是，同样的时间他完全可以通过自身的努力，在现实的工作中找到自己的位置，发现自己的价值。

"低就"不一定就低人一等。对于许多选择就业岗位的人们来说，首要的不是先瞄好令人羡慕的岗位，而是一开始就树立正常的就业观念。如果干什么都挑三拣四，或者以为选准一个岗位便可以一劳永逸，那么你就可能永远真正地低人一等。正如中国台湾的女作家杏林子所说："现代社会，昂首阔步、趾高气扬的人比比皆是，然而有资格骄傲却不骄傲的人才真正高贵。"

20世纪70年代初，美国麦当劳总公司看好台湾市场。正式进军台湾之前，他们需要在当地先培训一批高级干部，于是进行公开的招考甄选。由于要求的标准颇高，许多初出茅庐的青年企业家都未能通过。

经过一再筛选，一位名叫韩定国的某公司经理脱颖而出。最后一轮面试前，麦当劳的总裁和韩定国夫妇谈了三次，并且问了他一个出人意料的问题："如果我们要你先去洗厕所，你会愿意吗？"韩定国还未及开口，一旁的韩太太便随意答道："我们家的厕所一向都是由他洗的。"总裁大喜，免去了最后的面试，当场拍板录用了韩定国。

后来韩定国才知道，麦当劳训练员工的第一堂课就是从洗厕所开始的，因为服务业的基本理论是"非以役人，乃役于人"，只有先从卑微的工作开始做起，才有可能了解"以家为尊"的道理。韩定国后来所以能成为知名的企业家，就是因为一开始就能从卑微小事做起，干别人不愿干的事情。

工作本身没有贵贱之分，但是对于工作的态度却有高低之别。看一个人是否能做好事情，只要看他对待工作的态度。而一个人的工作态度，又与他本人的性情、才能有着密切的关系。一个人所做的工作，是他人生态度的表现；一生的职业，就是他志向的表示、理想的所在。所以，了解一个人的工作态度，在某种程度上就是了解了那个人。

那些看不起自己工作的人，往往是一些被动适应生活的人，他们不愿意奋力崛起，努力改善自己的生存环境。对于他们来说，公务员更体面，更有权威性；他们不喜欢商业和服务业，不喜欢体力劳动，自认为应该活得更加轻松，应该有一个更好的职位，工作时间更自由。他们总是固执地认为自己在某些方面更有优势，会有更广泛的前途，但事实上并非如此。

克尔在一家快速消费品公司已经工作了两年，一直是不冷不热的状态，待遇不高，但能学到东西，比较锻炼人，薪水也马马虎虎过得去。但最近和一些老朋友交流过程中，他发现大家都发展得不错，好像都比自己好，这使得他开始对自己目前的状态不满意了，考虑怎么和老板提加薪或者找准机会跳槽。

终于，他找了一次单独和老板喝茶的机会，开门见山地向老板提出了加薪的要求。老板笑了笑，并没有理会。于是，他对工作再也打不起精神来，开始敷衍应付起来。一个月后，老板把他的工作移交给其他员工，大概是准备"清理门户"了。他赶紧知趣地递交了辞呈。可令他始料未及的是，接下来的几个月里，他并没有找到更好的工作，招聘单位开出的待遇甚至比原来的还差了。

由于心态的错位与失衡，克尔失去了那份还过得去的工作，而且，他的下一份工作还不如以前。

像克尔这种具有消极被动心态的人，他们只是指责和抱怨，并一味逃避。他们不思索关于工作的问题：自己的工作是什么？工作是为什么？怎样才能把工作做得更好？他们只是被动地应付工作，为了工作而工作，不在工作中投入自己全部的热情和智慧，只是机械地完成任务。这样的员工，是不可能在工作中做出好的成绩并最终拥有自己的事业的。

许多管理制度健全的公司，正在创造机会使员工成为公司的股东。因为人们发现，当员工成为企业所有者时，他们表现得更加忠诚，更具创造力，也会更加努力工作。以积极主动的心态对待你的工作、你的公司，你就会尽职尽责完成工作，并在工作中充满活力与创造性，你就会成为一个值得信赖的人，一个老板乐于雇用的人，一个可能成为老板得力助手的人。更重要的是，你终将会在事业上有所成就。

其实，每个人都应该相信天生我才必有用，懒懒散散只会给我们带来巨大的不幸。有些年轻人用自己的天赋来创造美好的事物，为社会做出了贡献；另外有些人没有生活目标，缩手缩脚，浪费了天生的资质，到了晚年只能苟延残喘。本来可以创造辉煌的人生，结果却与成功失之交臂，不能说不是一个巨大的遗憾。

因此，在职场中有一条永远不变的真理：以积极的心态对待工作，工作也会以积极的回报回馈于你。

工作不只为薪水

一些年轻人，当他们走出校园时，总对自己抱有很高的期望值，认为自己一开始工作就应该得到重用，就应该得到相当丰厚的报酬。他们在工资上喜欢相互攀比，似乎工资成了他们衡量一切的标准。但事实上，刚刚踏入社会的年轻人缺乏工作经验，是无法委以重任的，薪水自然也不可能很高，于是他们就有了许多怨言。但这样带来的后果往往很糟。

安妮大学毕业后在一家公司的财务部门任职。老板说："试用期半年，干得好，半年以后加薪。"

安妮刚到公司上班时，干劲特别足，每天干的活一点也不比老职员少，可是两个多月以后，她觉得凭借自己能够在公司独当一面，完全可以获得更高的薪水，老板应该提前给她加薪才是，而不必非要等到半年以后。

自产生这个想法以后，安妮对工作的态度来了个一百八十度的大转变，上司交给她的各项任务不再像以前那样认真、细致地完成，月末单位赶制财务报表需要加班加点时，她甚至对同事们说："你们加班是应当的，我的任务我在白天已经完成了。"

言下之意，安妮的薪水低，没理由和那些高薪族一起加班，还半真半假地幽默道："半年后，说不定我就会与你们一道并肩作战了。"当然，这一切不会逃过老板的火眼金睛。

半年过去了，老板丝毫没有给安妮加薪的意思，她一气之下离开了那家公司。

后来同事跟她私下聊天："真遗憾，你白白地错失了一个加薪晋升的良机。老板看你工作扎实，业务能力又强，本来想在第三个月提前给你加薪，甚至还有意在半年后提拔你为主办会计。"得知这一切的安妮心中悔恨不已，但为时已晚。

其实，像安妮这样的员工，她的失败源于她不知道这样一个职场法则：

如果一个人工作只是为了薪水，没有远大理想，没有高尚目标，不关心薪水以外的任何东西，那么他的能力就无法提高，经验也无法增多，机会也就无法垂青于他，成功也就自然与他无缘。

因此，有一位成功企业家说过，不要为薪水而工作。工作固然是为了生计，但是比生计更可贵的，就是在工作中充分发掘自己的潜能，发挥自己的才干，做正直而纯正的事情。

这时，你会惊喜地发现：工作所给你的，要比你为它付出的更多。如果你将工作视为一种积极的学习经验，那么，每一项工作中都包含着许多个人成长的机会。

美国某著名教授有两个十分优秀的学生，聪明能干，兴趣和爱好也相近。对他们来说，找个有发展潜力的工作应该是件轻而易举的事。当时，教授有个朋友正在创办一家小型公司，委托教授为他物色一个适当的人选做助理。教授建议他这两个学生都去试试看。

两个学生分别前去应聘。第一位去应聘的名叫纳费尔。面谈结束几天后，他打电话向教授说："您的朋友太苛刻了，他居然只肯给月薪600美元，我才不去为他工作呢！现在，我已经在另一家公司上班了，月薪800美元。"

后来去的那位学生叫比克，尽管开出的薪水也是600美元，尽管他也有更多赚钱的机会，但是他却欣然接受了这份工作。当他将这个决定告诉教授时，教授问他："如此低的薪水，你不觉得太吃亏了吗？"

比克说："我当然想赚更多的钱，但是我对您朋友的印象十分深刻，我觉得只要从他那里多学到一些本领，薪水低一些也是值得的。从长远的眼光来看，我在那里工作将会更有前途。"

好多年过去了。纳费尔的年薪由当年的 9600 美元涨到区区 4 万美元，而最初年薪只有 7200 美元的比克呢，现在的固定薪水却是 25 万美元，外加期权和红利。

这两个人的差异到底在哪里呢? 显然纳费尔是被最初的赚钱机会蒙蔽了，而比克却是基于学东西的观点来考虑自己的工作选择。

这就是一个人眼光的问题，如果你只注重眼前的金钱和利益，而不是在工作中锻炼和增长自己的能力的话，那你永远也不可能像比克那样获得成功的机会。

古往今来，那些成功人士的一生往往是跌宕起伏，像波浪线一样，一下高一下低。命运的起伏使他们失去了很多东西，但有一样东西是不会失去的，这就是能力，是能力使他们重新跃上事业的顶峰。杰出人物所具有的创新力、决断力以及敏锐的洞察力往往是人们所钦慕的，然而，他们的这些能力是在长期的工作中锻炼的，而不是一开始就具备的。他们通过工作了解自己，发现自己，最大限度地发挥自己的潜力。

一个名叫尼克的普通银行职员，在受聘于一家汽车公司 6 个月后。试着向老板琼斯毛遂自荐，看是否有提升的机会。琼斯的答复是:"从现在开始，监督机器设备的安装工作就由你负责，但不一定加薪。"糟糕的是，尼克从未受过任何工程方面的训练，对图纸一窍不通。然而，他不愿意放弃这个难得的机会。因此，他发扬自己的领导特长，自己找了些专业人员安装，结果提前一个星期完成任务。最后，他得到了提升，工资也增加了 10 倍。

"我当然明白你看不懂图纸，"后来老板这样对他说，"假如你随意找个原因把这项工作推掉，我有可能就把你辞掉。"

只有在工作中主动争取机会，尽自己最大努力去发挥自己的能力，你才会比别人更多一份成功的可能。

"追求热爱的事业，而非一份可以挣钱的工作。"这句简单的名言，或许可以避免许多人失去对生命的热情。

以老板的心态来工作

绝大多数人都必须在一个社会机构中奠基自己的事业生涯。只要你还是某一机构中的一员，就应当抛开任何借口，投入自己的忠诚和责任。一荣俱荣，一损俱损！将身心彻底融入公司，尽职尽责，处处为公司着想，对投资人承担风险的勇气报以钦佩，理解管理者的压力，那么任何一个老板都会视你为公司的支柱。

这种理念其实就是《这是你的船》的作者迈克尔·阿伯拉肖夫提出的一种员工心态的观念。

1997年6月，当迈克尔·肖夫接管"本福尔德"号的时候，船上的水兵士气消沉，很多人都讨厌待在这艘船上，甚至想赶紧退役。

但是，两年之后，这种情况彻底发生了改变。全体官兵上下一心，整个团队士气高昂。"本福尔德"号变成了美国海军的一艘王牌驱逐舰。

迈克尔·肖夫用什么魔法使得"本福尔德"号发生了这样翻天覆地的变化呢？概括起来就是一句话："这是你的船！"

迈克尔·肖夫对士兵说：这是你的船，所以你要对它负责，你要与这艘船共命运，你要与这艘船上的官兵共命运。所有属于你的事，你都要自己来决定，你必须对自己的行为负责。

只要你是公司的员工，你就是公司这条船的主人。你必须以主人的心态来管理照料这条船，而不是以一个"乘客"的心态来渡过人生的浩瀚大海。

当然，选择做主人还是做乘客，这两种不同心态对于你的工作带来的影响是相当大的。

彼得高中毕业之后和朋友一起到海南打工。

彼得和朋友在码头的一个仓库给人家缝补篷布。彼得很能干，做的活儿也精细，当他看到丢弃的线头碎布也会随手拾起来，留作备用，好像这个公司是他自己开的一样。

一天夜里，暴风雨骤起，彼得从床上爬起来，拿起手电筒就冲到大雨中。朋友劝不住他，还辱骂他。

在露天仓库里，彼得察看了一个又一个货堆，加固被掀起的篷布。这时候老板正好开车过来，只见彼得已经成了一个水人儿。

当老板看到货物完好无损时，当场表示给彼得加薪。彼得说："不用了，我只是看看我缝补的篷布结不结实，再说，我就住在仓库旁，顺便看看货物只不过是举手之劳。"

老板见他如此诚实，如此有责任心，就让他到自己的另一个公司当经理。

公司刚开张，需要招聘几个文化程度高的大学毕业生当业务员。彼得的朋友跑来，说："给我弄个好差干干。"彼得深知朋友的个性，就说："你不行。"朋友说："看大门也不行吗？"彼得说："不行，因为你不会把活儿当成自己家的事干。"朋友说他:"这又不是你自己的公司!"临走时,朋友说彼得没良心,不料彼得却说:"只有把公司当成是自己开的公司,才能把事情干好,才算有良心。"

几年后,彼得成了一家公司的总裁,他朋友却还在码头上替人缝补篷布。这就是以老板的心态做事与以打工者的心态做事的区别。

只有以老板的心态对待公司,你才会有主人翁的责任意识,时时处处为公司着想,对工作就会全身心投入,尽职尽责。

尼斯是主管过磅称重的小职员,到这家钢铁公司工作还不到一个月,他就发现很多矿石并没有完全充分地冶炼,一些矿石中甚至还残留有未被冶炼好的铁。他想,如果继续这样下去的话,公司岂不是会有很大的损失?

于是,他找到了负责该项工作的工人,跟他说明了这个问题。这位工人说:"如果技术有了问题,工程师一定会跟我说,现在还没有哪一位工程师跟我说明这个问题,说明现在还没有出现你说的情况。"

尼斯又找到了负责技术的工程师,对工程师说明了他看到的问题。工程师很自信地说:"我们的技术是世界一流的,怎么可能会有这样的问题?"工程师并没有重视尼斯所说的问题,还暗自认为,一个刚刚毕业的大学生,能明白多少,不会是因为想博得别人的好感而表现自己吧?

但是尼斯一直认为这是个很大的问题,于是他拿着没有冶炼好的矿石找到了公司负责技术的总工程师,他说:"先生,我认为这是一块没有冶炼好的矿石,您认为呢?"

总工程师看了一眼,说:"没错,年轻人!你说得对,哪里来的矿石？"

尼斯说："我们公司的。"

"怎么会，我们公司的技术是一流的，怎么可能会有这样的问题？"总工程师很诧异。

"工程师也这么说，但事实确实如此。"尼斯坚持道。

"看来是出问题了。怎么没有人向我反映？"总工程师有些发火了。

总工程师立即召集负责技术的工程师来到车间，果然发现了一些冶炼并不充分的矿石。经过检查发现，原来是监测机器的某个零部件出现问题，才导致了冶炼的不充分。

公司的总经理知道了这件事后，不但奖励了尼斯，而且还晋升尼斯为负责技术监督的工程师。总经理不无感慨地说："我们公司并不缺少工程师，但缺少的是负责任的工程师。工程师没有发现问题事小，别人提出问题还不以为然事大。对于一个企业来讲，人才是重要的，但是更重要的是真正有责任感的人才。"

乔治能获得工作之后的第一步成功，完全源于一种老板般的责任感。也就是说，他具有老板的心态，处处为公司的利益着想。

钢铁大王卡内基曾经这样说过："无论在什么地方，都不应该把自己只看成公司的一名员工，而应该把自己视为公司的主人。"

也只有以老板的心态来对待公司，才能像老板一样热爱公司，热爱你的工作。但是，如何像老板那样去热爱公司呢？有两点是相当重要的，一是以老板的心态对待工作，对工作质量精益求精；二是把自己视为公司的老板，像呵护自己的孩子那样去呵护企业。

从表面上看，企业的确是老板的，因为你没有企业的股份。事实上，企业是你和老板共有的，你总是拥有企业的"一部分"，这一部分给了你工作的机会，给你带来收入，给你一个展示才华的舞台。如果没有这一部分，你的这一切都不存在。如果你爱这一部分，你就不再感觉工作是一种苦役了，而是一件快乐的事情。

以老板的心态对待公司，像老板一样热爱你的工作，热爱你的公司，你就会成为一个快乐的人，负责任的人，一个值得信赖的人，一个老板乐于雇用的人，一个可能成为老板得力助手的人。

亲爱的朋友，当你读到这里时，不妨问一下自己：如果你是老板，你对自己今天所做的工作完全满意吗？别人对你的看法也许并不重要，真正重要的是你对自己的看法。回顾一天的工作，扪心自问一下："我是否付出了全部精力和智慧？"

不为失败找借口

生活中你也许碰到过这样的问题，原本计划要做的事情，往往到了最后都没有兑现。你不是没有足够的时间，也不是没有足够的实力，更不是没有足够的发挥空间，而是有着种种成熟的条件与环境，但最后还是失败了，而且你还怨天尤人，说如果我当时怎样怎样就会怎样怎样，如果当时运气好一点的话；如果时间再把握好一点的话……这无非是在为自己的失败找一个借口而已。

面对失败，我们没有"如果"！

请不要总是说"不""不是""没有""与我无关""因为"，这一类的话无非就是想告诉别人，事情的失败与自己无关，是外界的一些不利因素导致了这次失败。本应该自己担的责任却推给别人和外界环境。

成功的人是从不会给自己找任何推托失败的借口，他们会努力地完成任务，会在事先做好计划，会在工作中坚定不移地朝着目标前进，全力以赴地排除困难，不言放弃。美国成功学家格兰特说过这样一句话："如果你有自己系鞋带的能力，你就有上天摘星的机会。"不要为自己的错误辩护，再美妙的借口也于事无补。

学会承担责任，学会寻找成功的方法，是我们通向成功的捷径。

大多数人在做一件事情不成功或者被批评的时候总是会找种种借口告诉别人，因为他害怕承担错误，害怕被别人嘲笑，或者只是想得到暂时的轻松自我解脱。生活中我们可以为自己找很多借口，上班迟到，可以说是因为堵车；工作做砸了，可以说是领导决策错误；客户不满意，可以说对方太过苛刻；升不了职，可以说是领导偏心。但我们却忘了，参与实施者是你自己，你完全可以找出好的方法来做的，为何不去想呢？换位思考一下，成功我们只需要找一个方法，而失败我们却要找很多理由来搪塞。得不偿失的事我们为何却总是乐此不疲呢？

懦弱的人寻找借口，想通过借口心安理得地为自己开脱；失败的人寻找借口，想通过借口原谅自己，也求得别人的原谅；平庸的人寻找借口，想通过借口欺骗自己，也使别人受骗。

成功的人是不找借口的！因为他们懂得：找借口只会让自己与成功无缘！

乔治·华盛顿·卡佛说："99％的人之所以做事失败，是因为他们有找借口的恶习。"

就长远看来，找借口的代价非常大，因为你昧于事实，不去寻求失败的真正原因。一个令我们心安理得的借口，往往使我们失去改正错误的机会，更使我们错失进步的动力。

这让人想起"一只猫"的故事。

曾经有一只猫，总爱寻找借口来掩饰自己的过失。

老鼠逃掉了，它说："我看它太瘦，等以后养肥了再吃不迟。"

到河边捉鱼，被鲤鱼的尾巴打了一下，它说："我不是想捉它——捉它还不容易？我就是要利用它的尾巴来洗洗脸。"

后来，它掉进河里，同伴们打算救它，它说："你们以为我遇到危险了吗？不，我在游泳……"

话没说完，它就沉没了。

"走吧，"同伴们说，"它又在表演潜水了。"

这是一只可怜又可悲的猫，其实世界上有许多人也和它相似。他们自欺欺人，善于为自己的错误寻找借口，结果搬起石头砸了自己的脚，受伤害的总是自己。

但是，现实生活中总有些人就像那只猫一样几乎成了制造借口的专家，总能以种种借口为自己开脱，只要能找借口，就毫不犹豫地去找。这种借口带来的唯一"好处"，就是让你不断地为自己去寻找借口，长此以往，你可能就会形成一种寻找借口的习惯，任由借口牵着你的鼻子走。这种习惯具有很大的破坏性，它使人丧失进取心，让自己松懈、退缩甚至放弃，在这种习惯的作用下，即使是做出了不好的事，你也会认为是理所当然。

一旦养成找借口的习惯，你的工作就会拖拖拉拉，没有效率，做起事来就往往不诚实，这样的人不可能是好员工，他们也不可能有完美的成功人生。在公司里这样的人迟早会被炒鱿鱼。

卡西尔曾是一位深得上司器重的老员工。他业务精通、能言善辩又极懂周旋，为公司的发展壮大立下过汗马功劳。

一次，因为他的疏忽大意，公司的一笔至关重要的业务被对手捷足先登抢走了，给公司造成了极其惨重的损失。事后，他很合情合理地解释了失去这笔业务的原因：因为那天他的腿伤突然发作，以至于比竞争对手迟到了半个钟头。虽然失去的业务令公司的损失巨大，但念在卡西尔以往的工作业绩，上司原谅了他。另外一个原因是卡西尔的腿伤是因为一次出差途中出了车祸引起的。那次车祸令卡西尔的一只脚轻微有点跛。但是公司的人都知道，这根本没有影响卡西尔的形象，也不影响他的工作，如果不仔细看，是根本看不出来的。

获得了上司的原谅和理解，卡西尔窃喜不已，他知道失去的业务是一宗比较难办的案子。他庆幸自己的机智，不然万一没办好，不仅丢了面子，还要被领导批评，降职减薪也大有可能。

从那以后，在工作上就易避难、趋近避远成了他的作风。把大部分的时间和精力花在寻找更合理的借口成了他工作的主要内容。总之，他现在已习惯因脚的问题在公司里经常迟到、早退，甚至在工作餐时，他还经常喝酒，他的理由是：喝酒可以让他的脚舒服些。以往那个敬业的卡西尔从人们的视线中消失了。最后，上司终于无法忍耐卡西尔那些冠冕堂皇、源源不绝的借口，让他离开了那原本前途光明的岗位而另寻高就了。

哈伯德说过："为什么大家花那么多时间处心积虑捏造借口、掩盖自己的弱点、欺骗自己？如果时间用到不同的地方，同样的时间足以矫治弱点，然后借口就派不上用场了。"

对于很多善于找借口的人来说，从一件事情上入手，尝试着丢掉借口，抓紧时间，集中精力去做好手边的事，也许结果会大不相同。

不要让借口成为你成功路上的绊脚石，搬开那块绊脚石吧！把寻找借口的时间和精力用到努力工作中来，因为工作中没有借口，人生中没有借口，失败没有借口，成功也不属于那些寻找借口的人！

不把生活中的烦恼带到工作中

李云每天都乘地铁到公司上班。这天早晨地铁很挤，出了地铁后，她发现自己精致漂亮的小坤包被小偷用刀片划破了。而且钱包和手机等贵重物品都被偷走了，并且她的小坤包本身就价值不菲，那是男友上个月从香港带回来的。由于自己心爱的小坤包被划破，加之丢失了财物她心情很糟。她沉着脸进了办公室，刚坐下，一位同事就过来问她要份资料。见同事站在自己身边唠唠叨叨，于是，她没好气地说："催什么催？等几分钟天就会塌下来？"她的同事只好悻悻地走开，走开之前白了她一眼："神经病！"

李云的心情可以理解，但是，别忘记了，你现在是在办公室里！一般来说，办公室的同事会顾及尊重别人的隐私，怕自己问得太多反而让你觉得反感。一般的人在遭受挫折或打击之后，都需要独自待一会儿，有自我恢复的时间和空间。如果这时有人在一边唠唠叨叨，会让人感到更加烦躁。也许，你在遭到挫折或打击之后，对身边的同事会更依赖，比如，你觉得同事应该比以往任何时候都关心你，你的上司应该更加照顾你。当你周围的同事无动于衷时，你会很失望，在这种状况下，你当然很难全心全意地做好自己的工作。

其实，办公室就是工作的地方，无论是你的上司还是你的同事，他们都承受着工作的压力，或许正被那些琐碎的工作搞得头昏脑涨，在这种情况下，你把个人情绪带到办公室，只能让你的上司和同事更加烦躁，他们会想：这个人怎么连自己这么点小事都处理不好，还能办什么大事？公私不分，没有一点敬业精神，这人不可靠！有时，若将负面情绪带到工作中，甚至会导致很严重的后果。

密歇根大学的一项调查表明，坐办公室的人们有3/10的时间会脾气古怪，爱发牢骚、易怒。在办公室里工作的人大概都碰到过这样的情景：早晨，同事们陆续来上班了，脸上挂着微笑，"你好！""你好"的问候声此起彼伏。愉快的一天眼看就要开始，却见最后进来的那位不知怎么搞得一副"借他米还他糠"的模样，冷冷地挂着个脸，往自己位子上一坐，就再不理人。办公室刚刚酝酿起来的一团和气，似乎一下子碰上了冷空气，瞬间凝成了乌云。刚才还神采飞扬的人们，情绪一点点地灰下来，不再说笑，各自坐下埋头做自己的工作。

很清楚，破坏同事们好情绪的就是那位最后进来的人，或者说是他的坏情绪。问一句，他应该如此吗？不应该！不管他是因何原因生气，即使有一千个理由，他也不应该把他的坏情绪带到办公室。办公室是集体场所，不是你自己的家——即使在家还要考虑到家里人的情绪呢。同事同事，是和你共同做事的人，不是来看你的脸色的。更主要的是，坏情绪有很强的传染性，一个人不高兴，一屋子人都不开心，正所谓"一人向隅，满座不欢"。坏情绪使个人食欲不振、精神萎靡、思维迟钝……总之于己有百害而无一利。但你要随心所欲，别人也奈何不得你。可是作为一个现代文明人，在公众场合，不替自己考虑也得替别人考虑，情绪问题就不是个人的私事了，我们应该试着学会控制自己的情绪。那么如何让这些办公室坏情绪远离自己呢？在此向大家推荐两个小窍门：

1. 过滤自己的不良情绪。曾有一位很优秀的员工，她的脸上总是带着真诚的笑容，充满活力地工作。一次与同事聊天，同事对她说："你的脸上总是挂满笑容，总看不到你愁眉苦脸的样子，难道你就没有不顺心的事吗？"这位员工却说："世上谁没有烦恼？关键是不要，也不应该被烦恼所支配，到了单位上班，我就将烦恼留在家里；回到家里，我就把烦恼留在单位。这样，我就能够有一个轻松愉快的心情。"

若是我们都善于做这种情绪过滤，就不会在工作中唉声叹气、怨天尤人了。所以大家必须学会分解和淡化烦恼与不快，时时刻刻保持一种轻松的情绪，让欢乐永远伴随自己。

2. 保持自信乐观的积极心态。一个人在任何时候都要对自己充满信心：我们无论干什么工作，担任什么职务，都要相信自己能够胜任。始终保持争创一流，追求完美和卓越的信念，只有对自己充满信心，才能够在平凡之中干出不平凡的业绩。

做到以上两点，你就能感受到精神上和物质上的幸福、快乐，始终朝气蓬勃，以良好的精神状态投入工作中去，从而拥有美好的人生。

第七章

说话谨慎，做事认真

——三思而言胜过口吐莲花

说服前认真听取对方的意见

在与别人交流时，每个人都不喜欢只做听众，都有"说"的欲望。这时，如果你适时地为对方提供一个说的机会，对方会很高兴，你的说服工作也会进行得很顺利。

对此，某自然食品公司王先生有切身体会。

虽然自然食品已风行好长一段时间，但一般家庭对此产品仍认识不足，都不敢贸然购买这种产品，使得王先生的业绩始终不见好转。

一天，王先生还是一如往常，把芦荟精的功能、效用告诉顾客，对方同样表示没有多大兴趣。王先生自己嘀咕："今天又无功而返了。"准备向对方告辞，突然看到阳台上摆着一盆美丽的盆栽——一种紫色的植物。王先生于是请教对方说："好漂亮的盆栽啊！平常似乎很少见到。"

"确实很罕见。这种植物叫嘉德里亚，属于兰花的一种。它的美，在于那种优雅的风情。"

"的确如此。会不会很贵呢？"

"很昂贵。这一盆就要 800 元呢！"

"什么？ 800 元！"

王先生心里想："芦荟精也是 800 元，大概有希望成交。"于是慢慢把话题转入重点："每天都要浇水吗？"

"是的，每天都很细心养育。"

"那么，这盆花也算是家中一分子喽？"

这位家庭主妇觉得王先生真是有心人，于是开始倾囊传授所有关于兰花的学问，而王先生也聚精会神地听着。

一刻钟以后，王先生很自然地把刚才心里所想的事情提了出来：

"太太，您这么喜欢兰花，您一定对植物很有研究，同时您肯定也知道，植物带给人类的种种好处，带给您温馨、健康和喜悦。那么我们的自然食品正是从植物里提取的精华，是纯粹的绿色食品。太太，您为什么不试一试我们的自然食品呢？您就当自己又买了一盆心爱的兰花吧！"

结果太太竟爽快地答应下来。她一边打开钱包，一边还说道："即使我丈夫，也不愿听我嘀嘀咕咕讲这么多；而你却愿意听我说，甚至能够理解我这番话。希望改天再来听我谈兰花，好吗？"

这一天，王先生可谓受益匪浅。

古希腊有句民谚："聪明的人，借助经验说话；而更聪明的人，根据经验不说话。"西方也有句著名的话："雄辩是银，倾听是金。"中国人则流传着"言多必失"和"讷于言而敏于行"这样的济世名言。说服，有时功夫并不在说上，相反，却是在听。给对方一个说的机会，自己多听一听，有时会带来意想不到的好效果。因为：

第一，倾听别人说话，会增进你对对方的理解。即使对方刻意隐瞒，也难免在不自觉中透露出些许有用的信息，如此你就可以知道对方心中的想法了。

第二，认真聆听对方的倾诉，会让对方觉得你很尊重他。

第三，明白对方的心态，让说服的目标明朗化，借此使你的说服力在无形之中跟着加强。

第四，你认真的态度会令对方感到欣慰，进而增加对你的信任感。当然，对方也会很愿意向你敞开心扉。

第五，你能够认真倾听对方的诉说，对方就会对你产生信任和依赖的感觉，其直接结果就是增强你的说服成功率。

第六，对方一旦敞开心扉，就会把自己的心事向你诉说，这样你就能得到更多有价值的情报。

第七，取得对方的信任显然是成功说服的关键，先取得对方的信任再切入说服的主要内容，才是正确的步骤。

因此倾听别人说话，远比自己滔滔不绝地说话来得更重要。

劝说，不妨多赞美别人

从孩子身上，我们可以发现一点：当我们称赞、夸奖他们时，他们是何等高兴、满足。其实，他们并不一定具有我们所称赞的优点，而只是我们期望他们做到这点而已。在我们与他人交往时，何不也效仿这一做法呢？因为不管是大人还是小孩子，他们都喜欢别人给自己一个美名，如果他们没有做到这一点，内心里也会朝此目标努力，因为他们知道这样就可以得到一个美名，站在一个受人赞赏的高度。

一位老师，她弟弟因为一场纠纷，被人告上了法庭，而接案的法官恰恰是她昔日的得意门生。一天晚上，这位老师前往学生家，希望他能念在师生的情面上，帮帮她弟弟。法官显然有些为难，既不能枉法裁判，又不能得罪恩师。于是，他说："老师，我从小学到大学毕业，您一直是我最钦佩的语文老师。"

掌控细节

老师谦虚地说:"哪里哪里,每个老师都有他的长处。"法官接着说:"您上课抑扬顿挫,声情并茂,尤其是上《葫芦僧判断葫芦案》那一堂课,至今想起来记忆犹新。"

语文老师很快就进入角色了:"我不仅用嘴在讲,也是用心在讲啊。薛蟠犯了人命案却逍遥法外,反映了封建社会官官相护、狼狈为奸的黑暗现实。"

法官接着感叹:"记得当年老师您讲授完这一课,告诫学生们,以后谁做了法官,不要做'糊涂官',判'糊涂案',学生一直以此为座右铭呢。"

本来这位语文老师已设计好了一大套说辞,但听到学生的一番话,再也不好意思开口了,自动放弃了不合理的请求。这位法官用的就是赞美的技巧,先用恭维的话,满足了老师的荣誉心,终拒人于无形之中。

如果你懂得赞美对方,那再难的事情也会变得顺利起来。在信用受到普遍怀疑的年代,贷款变得越来越不容易,可是就有人靠一张会说话的嘴换来了巨额款项。

约翰是美国的大企业家。1960年,他决定在芝加哥为他的公司总部兴建一座办公大楼。为此,他出入了无数家银行,但始终没贷到一笔款。于是,他决定先上马后加鞭,他用自己设法筹集的200万美元,聘请了一位承包商,要他放手进行建造,好让他去筹措所需要的其余500万美元。假如钱用完了,而他仍然拿不到抵押贷款,承包商就得停工待料。建造开始,到所剩的钱仅够再花一个星期的时候,约翰恰好和大都会人寿保险公司的一个主管在纽约市一起吃饭。他拿出经常带在身边的一张蓝图，想激起这个主管对兴建大厦的投资兴趣。他正准备将蓝图放在餐桌上时，主管对约翰说："在这儿我们不便谈，明天到我办公室来。"

第二天，当主管断定大都会公司很有希望提供抵押贷款时，约翰说："好极了，唯一的问题是今天我就需要得到贷款的承诺。"

"你一定在开玩笑，我们从来没有在一天之内为这样的贷款进行承诺的先例。"主管回答。约翰把椅子拉近主管，并说："你是这个部门的负责人。也许你应该试试看你有无足够的权力，能把这件事在一天之内办妥。"

主管满意地笑着说："让我试一试吧。"

事情进行得很顺利，约翰在自己的钱花光之前的几小时拿着到手的贷款回到了芝加哥。

这就是赞美对方的妙处。谁也拒绝不了那种突然被赞美的感觉，当遇到某些顽固而又爱美的女性，不妨直接在这个方面夸赞一番，这样说服她也就不难了。而要想说服男性，比如你的领导、你的客户，或者你的朋友，先赞美也能提高说服的效率。

拟好说服过程的大纲

有过"要怎样做才能说服那个人"的困扰吗？这大概是因为没有事先在脑子里整理出具体说服的大纲，准备不够的原因。

如果你站在被说服者的立场，就能深切体会到，比起任意随便说说，有条有理地说服，较容易理解得多。

在你的周围，不也有那种不知他究竟在说什么，让人非常纳闷的人吗？

造成这种情况的最大原因，就是没有事先在脑海里描绘出要说话的大纲。因此，无法完全将自己要表达的意见，明确传达给对方。

可是凭空想象的说明，反而会造成对方的混乱，这样也失去了使其理解的意义了。

为了了解对方，应事先将要说服的内容逐条列出。当然，由于说服对象的不同，所描绘出的内容也不尽相同，但是基本的一些大原则还是没有什么大变动。如果能领会这个技巧，做好适应对方的准备，就能成功。

1. 列出大纲的三个重点

（1）时间的设定。太冗长的言谈，不容易抓住真正的重点。所以，开头的部分要占多少时间？重点的部分占多少时间？结论需花多少时间？这些时间上的安排需恰当，不宜过长或过短。

（2）决定说明事项的排列顺序。一般从对方已知的部分说到未知的部分，重点说明那些关键点。

（3）说明内容的因果关系。为了让对方更深切了解内容，简单扼要地说明其因果关系是必要的。总之，可以按"原因←→结果←→根据"的顺序做重点说明。

2. 随着对象的不同，大纲也有所不同

说服，关键取决于对方是否能理解，是否能接受，真正的决定权还是在于对方。

由于个人的价值观、思考模式、见解、能力以及所处环境的不

同，即使是相同的说服方法，对象换了一个人，其结果也会不一样。

（1）对方的能力如何？有你所期望的行动力吗？有如你所想的才能吗？经济力如何？拥有决定权吗？

（2）对方的环境如何？有其他的权限、决定权吗？对于被说服的内容，有不了解的吗？对方对说服的内容感兴趣吗？信誉如何？

（3）对方的个性特质如何？男性，还是女性？是悠闲自在，还是性情急躁？较理性，还是较感情用事？

从这些观点中，找出对方的特征，试着列出要说服的大纲。

或许一开始有些困难，但是为了要锻炼说服力，只要是有关对方的资料，都要全部收集起来。列出大纲，不仅有助于了解对方，也是一种额外的收获。

婉转指出他人犯的错误

在说服别人的时候，你永远不要这样开场："好！我要如此证明给你看！你这话大错特错！"这无异于向他人表明："我比你聪明，我要让你改变想法。"这种做法无疑会引起反感并有可能爆发一场冲突。在这种情况下，要想改变对方的观点根本不大可能。所以，为什么要弄巧成拙？为什么要自找麻烦呢？如果你想证明什么，别让任何人知道，而且应不着痕迹，很技巧地去做。正如著名诗人波普所说："你在教人的时候，要好像若无其事一样。事情要不知不觉地提出来，好像被人遗忘一样。"

克洛里是纽约泰勒木材公司的推销员。他承认：多年来，他总尖刻地指责那些大发脾气的木材检验人员的错误，他也赢得了辩论，可这一点好处也没有。因为那些检验人员"和棒球裁判一样，一旦判决下去，他们绝不肯更改"。

在克洛里看来，他虽然在口舌上获胜，却使公司损失了成千上万的利润。因此，在卡耐基讲习班上课的时候，他决定改变这种习惯，不再抬杠了。下面是他在讲习班上的报告：

一天，一位愤怒的主顾打电话，抱怨我们运去的一车木材完全不符合他们的要求。他的公司已经下令停止卸货，请我们立刻把木材运回去。

放下电话，我立刻去对方的工厂。在途中，我一直在思考着一个解决问题的最佳办法。通常，在那种情形下，我会以我的工作经验和知识来说服检验员。然而，我又想，还是把在课堂上学到的为人处世原则运用一番看看。

到了工厂，我走到卸货的卡车前面，要他们继续卸货。我请检验员继续把不合格的木料挑出来，把合格的放到另一堆。

看了一会儿，我才知道他们把检验规格搞错了，那批木材是白松。虽然我知道那位检验员对硬木的知识很丰富，但检验白松却不够格，经验也不够，而白松碰巧是我最内行的。但我能以此来指责对方检验员评定白松等级的方式吗？不行，绝对不能！我继续观看着，慢慢地开始问他某些木料不合格的理由是什么，我一点也没有暗示他检查错了。我强调，我请教他只希望以后送货时，能确实满足他们公司的要求。

以一种非常友好而合作的语气请教，并且坚持把他们不满意的部分挑出来，使他们感到高兴。偶尔，我小心地提问几句，让他自己觉得有些不能接受的木料可能是合格的，但是，我非常小心不让他认为我是有意为难他。

最后，他向我承认他对白松木的经验不多，而且问我有关白松木板的问题，我就对他解释为什么那些白松木板都是合格的，但是我仍然坚持：如果他们认为不合格，我们不要他收下。检验员终于到了每挑出一块不合格的木材就有一种罪过感的地步。最后他终于明白，错误在于他们自己没有指明他们所需要的是什么等级的木材。

结果，在我走之后，他把卸下的木料又重新检验一遍，全部接受了，于是我们收到了一张全额支票。

就这件事来说，讲究一点技巧，尽量控制自己对别人的指责，尊重别人的意见，就可以使我们的公司少损失 150 美元，而我们所获得的良好关系，绝非金钱所能衡量的。

明人陆绍珩说："人心都是好胜的，我也以好胜之心应对对方，事情非失败不可。人都是喜欢对方谦和的，我以谦和的态度对待别人，就能把事情处理好。"所以，如果你要说服别人，千万别说：你错了。

说服的首要原则：对别人的意见表示尊重。如果你认为有些人的话不对——不错，就算你确信他说错了——你最好还是这样讲："啊，慢着，我有另一个想法，不知对不对。假如我错了的话，希望你们帮我纠正。让我们共同来看看这件事。"

用幽默的话拒绝别人

拒绝的话一向不好说，说不好就很容易得罪人。因此拒绝他人时，要讲究策略，最重要的一点就是含蓄委婉，而幽默地拒绝正是能巧妙地体现这一点。用幽默的方式拒绝别人，有时可以故作神秘、深沉，然后突然点破，让对方在毫无准备的大笑中失望。

有一位"妻管严"，被老婆命令周末大扫除。正好几个同事约他去钓鱼，他只好回答："其实我是个钓鱼迷，很想去的。可成家以后，周末就经常被没收了啊！"同事们哈哈大笑，也就不再勉强他了。

有时候拒绝的话像是含糊其词，但因为它是用幽默的方式表达出来的，所以也就在起到拒绝目的的同时，让别人很愉快地接受了。

现代文学大师钱钟书先生，是个自甘寂寞的人。居家耕读，闭门谢客，最怕被人宣传，尤其不愿在报刊、电视中扬名露面。他的《围城》再版以后，又拍成了电视，在国内外引起轰动。不少新闻机构的记者，都想约见采访他，均被钱老执意谢绝了。一天，一位英国女士看了小说之后，非常想见钱老，好不容易打通了他家的电话，恳请让她登门拜见钱老。钱老一再婉言谢绝没有效果，他就妙语惊人地对英国女士说："你看了《围城》，就好比吃了一只鸡蛋，虽然觉得不错，但何必要认识那个下蛋的母鸡呢？"洋女士终被说服了。

钱先生的问话，首句语义明确，后续两句："吃了一只鸡蛋觉得不错"和"何必要认识那个下蛋的母鸡呢"虽是借喻，但从语义效果上看，却是达到了一举多得的奇效：其一，这句话是语义宽泛、富有弹性的模糊语言，给听话人以仔细思考的伸缩余地；其二，与外宾女士交际中，不宜直接明拒，采用宽泛含蓄的语言，尤显得有礼有节；其三，更反映了钱先生超脱盛名之累、自比"母鸡"的这种谦逊淳朴的人格之美。一言既出，不仅无懈可击，且又引人领悟话语中的深意，格外令人敬仰钱老的大家风范。

此外，还可以用假设的方法，虚拟出一个可能的结果，从而产生一个幽默的后果，而这个后果正好是你拒绝的理由。这样，不仅不会引起不快，反而可能给对方一定的启发。

一位演技很好、姿色出众但学历不高的女演员，对萧伯纳的才华早就敬而仰之。她平时生活在众星捧月的环境中，多少有一些高傲，总以为自己应该嫁给天下最优秀的男人。某次宴会中，她和萧伯纳相遇了，她自信十足，以最迷人的音调向萧伯纳说："如果以我的美貌，加上你的天才，生下一个孩子，一定是人类最最优秀的了！"

这位大文豪立刻微微一笑，不疾不徐地回答："对极了。但是，如果这孩子遗传了我的貌和你的才，那将是怎样的呢？"

这位美女演员愣了一下，终于明白了萧伯纳的拒绝之意。她失望地离开了，但她一点也不恨萧伯纳，反而成了他最忠实的读者和好朋友。

拒绝别人的话总是不好说出口，但拒绝的话又经常不得不说出口。这时不妨用幽默的方式说出拒绝的话，抹去对方遭到拒绝时的不愉快感。

第八章

秘密都在小动作里，
真相尽在细微之中

——方寸之间，读懂对方

看！眼睛告诉你他的心思

在面对面的交流中，眼睛对双方的行为有着很大的影响。因为眼睛是人与人沟通中最清楚、最明显的信号，它能将众多复杂的信息通过注视传递出去。

利用眼睛来观察人的心理，是人类文明进程的一大发现。早在古代，孔子就曾说过："观其眸子，人焉廋哉！"意思就是说，想要观察一个人，就要从观察他的眼睛开始。因为一个人的想法常常会从眼神中流露出来：天真无邪的孩子，目光清澈明亮；而心怀不轨的人则眼睛混浊不正。所以，世人常将眼睛比作心灵之窗，是交往中被观察的焦点。

西方曾流传这样一个故事，用来说明能通过眼神来看透人的思想。

既然眼睛能映射出人内心的感受，那你是否能在看到对方的眼睛时，敏锐地捕捉到他在传播的情感？

1. 从目光观察对方内心变化

在人们交谈的过程中，如果对方不时地把目光移向近处，则表示他对你的谈话内容不感兴趣或另有所想；如果对方的眼神上下左右不停地转动，无法安定下来，可能是因内心害怕而说谎，通常都有难言之隐，也许是为了不失去朋友的信任，而对某些事情的真相有所隐瞒。

另外，和异性视线相遇时故意避开，表示关切对方或对对方有

掌控细节

意；眼睛滴溜溜地转个不停的人，体现了意志力不坚，容易遭人引诱而见异思迁。

眼光流露不屑的人，显示其想表达敌视或拒绝的意思；眼神冷峻逼人，说明他对人并不信任，心理处于戒备状态。

没有表情的眼神，说明这个人心中愤愤不平或内心有所不满；交谈时对方根本不看你，可以视为对方对你不感兴趣或是不愿亲近你。

2. 从瞳孔大小观察对方情绪变化

当人情绪不好、态度消极时，瞳孔就会缩小；而当人情绪高涨、态度积极时，瞳孔就会扩大。此外，据相关资料表明，一个人在极度恐惧或兴奋时，他的瞳孔一般会比正常状态下的瞳孔扩大 3 倍。几个人在一起打牌，假如其中一人懂得这种信号，一看到对方的瞳孔放大了，就可以肯定他抓了一把好牌，怎么玩法心里也就有底了。

3. 从眼神推断对方性格品质

眼睛的神采如何，眼光是否坦荡、端正等，都可以反映出对方的德行、心地、人品、情绪。如果对方的眼睛滴溜溜地乱转，很明显，你必须心存戒备了。

躲闪对方目光的人，一向缺乏足够的信心，不仅怀有自卑感，而且性格软弱；遇到陌生人，不会主动地前去打招呼，即使打招呼也是躲闪着别人的眼睛，这样的人一般比较拘谨，在处理问题时缺乏自信，没有什么主见。当然，如果是一对恋人，那样躲闪对方的目光又是另一回事了，那表示紧张或羞涩。

不同的笑容演绎不同的心灵风景

笑，我们每一个人都会，并且我们时不时地都在笑着。心理学家们发现：笑不只是人类幽默感的体现，还是人类与他人交流的最古老的方式之一。但是，你知道吗？笑与人的性格有着一些必然的联系。

每个人不同的笑容，其实都是在演绎其不同的心灵风景。

1. 开怀大笑的人

开怀大笑、笑声非常爽朗的人，多是坦率、真诚而又热情的。他们是行动派的人，决定要做一件事情，马上就会付诸行动，非常果断和迅速，绝对不会拖拖拉拉。这一类型的人，虽然表面上看起来很坚强，但他们的内心在一定程度上却是非常脆弱的。

2. 捧腹大笑的人

捧腹大笑的人多为心胸开阔者。当别人取得成就以后，他们有的只是真心地祝愿，而很少产生嫉妒心理。在他人犯了错以后，他们也会给予最大限度的宽容和理解。他们很富有幽默感，总是能够让周围人感受到他们所带来的快乐，同时他们还极富爱心和同情心，在自己的能力范围内，对他人会给予适当的帮助。他们不势利眼、不嫌贫爱富、不欺软怕硬，比较正直。

3. 狂声大笑的人

平时看起来沉默少语，而且显得有些木讷，但笑起来却一发而不可收，或者经常放声狂笑，直到站不稳了。这样的人最适合做朋友，他们虽然在与陌生人的交往中表现得不够热情和亲切，甚至是有些让人难以接近，但一旦真正与人交往，他们是十分注重友情的，并且在一定的时候，能够为朋友作出牺牲。基于这一点，有很多人乐于与他们交往，他们自己本身也会营造出比较不错的社会人际关系。

4. 时常悄悄微笑的人

经常悄悄微笑的人，除了性格比较内向、害羞以外，还有一种性格特征就是他们的思维非常缜密，而且头脑异常冷静。在什么时候都能让自己跳出所在的圈子，作为一个局外人来冷眼看待事情的发生、进展情况，这样可以更有利于自己做出各种决定。他们很善于隐藏自己，绝对不会轻易将内心真实的想法告诉给别人。

5. 笑得全身打晃的人

笑的幅度非常大，全身都在打晃，这样的人性格多较直率和真诚。和他们做朋友是不错的选择，因为当朋友有了错误和缺点以后，他们往往能够直言不讳地指出来，不会为了不得罪人而视而不见。他们不吝啬，在自己能力范围内对他人的需要总是会尽自己最大的努力。基于这些，在自己遇到困难的时候，也会得到来自别人的关心和帮助。他们会使大家喜欢自己，能够营造出很好的社会人际关系。

6. 看到别人笑，自己也会随之笑起来的人

看到别人笑，自己就会随之笑起来，他们多是快乐而又开朗的人，情绪因为事情的变化而变化，而且富有一定的同情心。他们对生活的态度是很积极的。

7. 小心翼翼地偷着笑的人

小心翼翼地偷着笑的人，他们大多是内向型的人，性格中传统、保守的成分很多。而与此同时，他们在为人处世时又会显得有些腼腆。但是他们对他人的要求往往很高，如果达不到要求，常常会影响到自己的心情，不过他们和朋友却是可以患难与共的。

8. 笑的时候用双手遮住嘴巴

笑的时候用双手遮住嘴巴，表明他是一个相当害羞的人，他们的性格大多比较内向，还比较温柔。他们一般不会轻易地向别人说出自己内心的真实想法，包括亲朋好友。

9. 笑出眼泪的人

笑出眼泪来是由于笑的幅度太大所致。经常出现这种情况的人，他们的感情多是相当丰富的，具有爱心和同情心，生活态度是积极乐观和向上的，他们有一定的进取心和取胜欲望。他们可以帮助别人，并适当地牺牲一些自我利益，但却不求回报。

10. 笑起来断断续续的人

笑起来断断续续，笑声让人听起来很不舒服的人，其性情大多是比较冷漠和孤独的。他们比较现实和实际，自己轻易不会付出什么。他们的观察力在很多时候是相当敏锐的，能观察到别人心里在想些什么，然后投其所好，伺机行事。

从习惯动作看清对方

习惯动作可以在一定程度上反映一个人的所思所想和性格特征。那些经验丰富的识人老手往往从别人的一个习惯动作就能识别人心。

1. 双手后背

两脚并拢或自然站立，双手背在背后，这种人大多在感情上比较急躁。但他与人交往时，关系处得比较融洽，其中可能较大的原因是他们很少对别人说"不"。许多有过军旅生涯的人对双手后背这个动作可能比较熟悉。

2. 手插裤兜

双脚自然站立，双手插在裤兜里，时不时取出来又插进去，这种人的性格比较谨小慎微，凡事思虑再三仍难决断和行动。在工作中他们最缺乏灵活性，一般用呆板的办法去解决很多问题。他们往往无法承受突如其来的失败或打击，在逆境中更多的是垂头丧气，怨天尤人。

3. 双手叉腰

这种人是急性子，总希望用最少的时间、经过最短的距离来达到自己的目标。他突然爆发的精力常是在他计划下一步决定性的行动时，看似沉寂的一段时间内所产生的。

4. 摊开双手

摊开双手，是大多数人表示真诚与公开的一个常用姿势。意大利人毫无拘束地使用这种姿势，当他们受挫时，便将摊开的手放在胸前，做出"你要我怎么办"的姿态。他做的事情出现了坏的现象，别人提出来，而他摊开双手，表示他们自己也没有办法解决，一副无可奈何的样子。

5. 经常摇头

经常通过"摇头"或"点头"以示自己对某件事情看法的肯定或否定的人，在社交场合很会表现自己，却时常遭到别人的厌恶，引起别人的不愉快。但是，经常摇头或点头的人，自我意识强烈，工作积极，看准了一件事情就会努力去做，不达目的誓不罢休。

6. 触摸头发

这种人个性突出，性格鲜明，爱憎分明，尤其疾恶如仇。他们经常做一些冒险的事情，爱拿人当调侃对象。这些人当中有的缺乏内涵修养，但他们特别会处理人际关系，处事大方并善于捕捉机会。

7. 拍打头部

拍打头部这个动作多数时候的意义是表示对某件事情突然有了新的认识，如果说刚才还陷入困境，现在则走出了迷雾，找到了处理事情的办法。有的人会拍自己的后脑勺，这表明他们非常敬业，拍打后脑勺只是想放松一下。

8. 手摸颈后

当一个人习惯用手摸颈后时，往往是出现了恼恨或懊悔等负面情绪。这个姿势称为"防卫式的攻击姿态"，在遇到危险时，人们常常不由自主地用手护住脑后。但在防卫式的攻击姿势中，他们的防卫是伪装，结果手没有放到脑后，而是放到了颈后。如果一个女人伸手向后，撩起头发，这表明她只是以此来掩饰自己内心的不快。

9. 拍打掌心

人与人谈话时，只要他动动嘴，一定会通过一个手部动作，比如相互拍打掌心、伸出拳头、摆动手指等，表示对他说话内容的强调。这种人做事果断、雷厉风行、自信心强，习惯于把自己在任何场合都塑造成一个"领袖"人物，性格大都属于外向型，很有一种男子汉的气派。

10. 抖动腿脚

有的人喜欢用腿或脚尖使整个腿部颤动，有时候还用脚尖磕打脚尖或者以脚掌拍打地面。这种人有自恋倾向，性格较保守，很少考虑别人，凡事从利己主义出发，尤其是对妻子的占有欲望特别强。

11. 吐烟圈

这种人突出的特点是与别人谈话时，总是凝神地看着对方，支配欲望强，不喜欢受约束，为人比较慷慨，重情义，因此他们周围总是包围着一群相干和不相干的人。

积极自信的人多半会把烟圈向上吐，而消极多疑的人多半会把烟圈向下吐。

12. 言行不一

当你给某人递烟或其他东西时，他嘴里说"不用""不要"，但手却伸过来接了，显得很客气的样子。他们这么做主要是为了给对方面子，嘴上拒绝但行动上却并不死板。这种人比较聪明，爱好广泛，处事灵活、老练，不轻易得罪别人。

13. 解开外衣纽扣

这种人的内心真诚友善，他在陌生人面前表达思想时，最直接的动作便是解开外衣的纽扣，甚至脱掉外衣。

口头禅后面的真实内心世界

口头语言是说话习惯的一部分，它是我们每个人在日常生活中不知不觉形成的一种特有的话语风格。从心理学角度来看，口头语言带有很深的性格印记，从口头语言可以非常快速地了解对方。

经常连续使用"果然"的人，多自以为是，强调个人主张。他们经常以自我为中心，很少考虑他人的想法。

经常使用"其实"的人，表现欲较为强烈，希望能引起他人的注意。他们的性格大多比较任性和倔强，并且多少还有点自负。

经常使用流行词汇的人，热衷于随大溜，喜欢夸张。这样的人独立意识不强，而且没有自己的主见。

经常使用外来语言和外语的人，虚荣心强，爱卖弄和夸耀自己。经常使用地方方言，并且还底气十足、理直气壮的人，自信心很强，富于独特的个性。

经常使用"这个……""那个……""啊……"的人，说话办事都比较谨慎小心。这样的人就是我们所说的好好先生，他们绝对不会到处惹是生非。

经常使用"最后怎么样怎么样"之类词汇的人，大多是潜在欲望没有得到满足。

经常使用"确实如此"的人，多浅薄无知，自己却浑然不知，还常常自以为是。

经常使用"我……"之类词汇的人，不是软弱无能、总想求助于别人，就是虚荣浮夸，寻找各种机会表现自己，以引起他人的注意。

经常使用"真的"之类强调词汇的人，大多缺乏自信，害怕自己所说的话无人相信。遗憾的是，他们这样再三强调，反而更加让人起疑。

经常使用"你应该……""你必须……"等命令式词语的人，大多专制、固执、骄横、有强烈的领导欲望。

经常使用"我个人的想法是……""是不是……""能不能……"

之类词汇的人，一般较和蔼亲切。待人接物时，也能做到客观理智，冷静地思考，认真地分析，然后做出正确的判断和决定。不独断专行，能够给予别人足够的尊重，同样也会得到别人的尊重和爱戴。

经常使用"我要……""我想……""我不知道……"的人，大多思想单纯，意气用事，情绪不是十分稳定，让人揣摩不透。

经常使用"绝对"这个词语的人，做事十分草率，容易主观臆断。他们不是太缺乏自知之明，就是自知之明太强烈了。

经常使用"我早就知道了"的人，有强烈的自我表现欲望，只能自己是主角，自己发挥。这样的人绝对不可能静下心来仔细倾听他人的谈话内容，更不要指望他能成为一个热心的听众。

另外，口头语出现频率极高的人，大多办事不干练，意志不够坚强。有些人，说话时没有口头语，这并不代表他们从未有过，可能以前有，但后来逐渐地改掉了，这表现出一个人意志坚强，说话讲究简洁、流畅。

如果你想从口头语言上更多地观察你身边的人，从而非常自如地驾驭他们，那么你就要在与他们打交道的过程中花费心血，仔细认真地揣摩，时时刻刻地回味分析。用不了多长时间，你就能迅速地从口头语言上了解他们。

笔迹中透露的性格信息

笔迹分析的方法很多，由笔迹观察人的内心世界，可以从三个方面来观察，即笔压、字体大小、字形这三个要点来研究分析这个问题。

（1）笔迹特征为字形方正，稍小，有独特风格，尤以萎缩或扁平字形为多。字迹大多各自独立，无草书，笔压强劲；字的角度不固定，但字体并不潦草。

这类人气量较小，凡事都缺乏自信、不果断，极度介意别人的言语与态度。简言之，属于神经质性格的人。

他们还有把握和控制事情全局的能力，能统筹安排；为人和善、谦虚，能注意倾听他人意见，体察他人长处；右边空白大者，凭直觉办事，不喜欢推理，性格比较固执，做事易走极端。

（2）笔迹特征为字体较大，笔压无力，字形弯曲，不受格线限制，具有个性风格，容易变成草书；有向右上扬的倾向，有时也会向右下降，字体稍潦草。

这类人和蔼可亲，容易与人相处，善于社交活动，为体贴、亲切类型的人，气质方面具有强烈的躁郁质倾向。另外，他们待人热情、兴趣广泛、思维开阔、做事有大刀阔斧之风，但多有不拘小节、缺乏耐心、不够精益求精等不足。

（3）笔迹特征为字形方正，一笔一画型，与上述类型不同，为有规则的平凡型，无自己的风格，字迹独立工整，字形一贯，笔压很有力。

这类人凡事拘泥慎重；做事有板有眼、中规中矩，但行动有些缓慢；意志坚强，热衷事务；说话唠唠叨叨，不懂幽默，不识风趣，有时会激动而采取强烈行动；气质方面具有癫痫质倾向。

他们精力比较旺盛，为人有主见，个性刚强，做事果断，有毅力，有开拓和创新能力，但主观性强，固执。书写笔压轻者缺乏自信、意志薄弱，有依赖性，遇到困难容易退缩；笔压轻重不一，则想象思维能力较强，但情绪不稳定，做事犹豫不决。

（4）笔迹特征为字形方正，一笔一画型，笔压有力，笔画分明，字字独立，字的大小与间隔不整齐，具有自己的风格，但笔迹并不潦草。字的大小虽有不同，但一般而言，显得较小。这类人不善于交际，属理智型。他们处事认真，但稍欠热情；对于有关自己的事很敏感、害羞，对别人却不甚关心，反应较迟钝；气质方面具有分裂质倾向。

一般情况下，他们都有较强的逻辑思维能力，性格笃实，思考问题周全，办事认真谨慎，责任心强，但容易循规蹈矩。书写结构松散者形象思维能力较强，思维有广度；为人热情大方，心直口快，心胸宽阔，不斤斤计较，并能宽容别人的过失，但往往不拘小节。

（5）笔迹特征为每次书写字体大小与空间大小无关，字形稍圆弯曲，有时呈直线形，有时字形具有自己的风格，有时则工整而有规则；大小、形状、角度、笔压均不固定，潦草为其显著特征。

这类人虚荣心强，极重视外表，经常希望以自己的话题为中心，因此话很多；不能谅解对方立场，缺乏同情心与合作精神；由于以自我为中心，因此容易受煽动，亦容易受影响。

另外，这类人看问题非常现实，有消极心理，遇到问题看阴暗面、消极面太多，容易悲观失望。字行忽高忽低，情绪不稳定，常常随着生活中的高兴事或烦恼事而兴奋或悲伤，心理调控能力较差。

图书在版编目 (CIP) 数据

掌控细节 / 连山著 . -- 北京 : 中国华侨出版社，
2019.10（2020.8 重印）
ISBN 978-7-5113-8009-8

Ⅰ . ①掌… Ⅱ . ①连… Ⅲ . ①成功心理－通俗读物
Ⅳ . ① B848.4-49

中国版本图书馆 CIP 数据核字（2019）第 186881 号

掌控细节

著　　者 / 连　山
责任编辑 / 黄　威
封面设计 / 冬　凡
文字编辑 / 胡宝林
美术编辑 / 盛小云
经　　销 / 新华书店
开　　本 / 880mm×1230mm　　1/32　　印张 / 6　　字数 / 172 千字
印　　刷 / 三河市华成印务有限公司
版　　次 / 2020 年 6 月第 1 版　　2021 年 4 月第 3 次印刷
书　　号 / ISBN 978-7-5113-8009-8
定　　价 / 35.00 元

中国华侨出版社　北京市朝阳区西坝河东里 77 号楼底商 5 号　邮编：100028
法律顾问：陈鹰律师事务所
发 行 部：（010）88893001　　　传　真：（010）62707370
网　　址：www.oveaschin.com　　E－m a i l：oveaschin@sina.com

如果发现印装质量问题，影响阅读，请与印刷厂联系调换。